Markus Schnedlitz

Chemische Kampfstoffe: Geschichte, Entwicklung und Einsatz

GRIN Verlag

Bibliografische Information der Deutschen Nationalbibliothek:

Die Deutsche Bibliothek verzeichnet diese Publikation in der Deutschen Nationalbibliografie; detaillierte bibliografische Daten sind im Internet über http://dnb.d-nb.de/ abrufbar.

Impressum:

Druck und Bindung: Books on Demand GmbH, Norderstedt Germany
ISBN: 978-3-640-23360-1

Dieses Buch bei GRIN:

http://www.grin.com/de/e-book/119340/chemische-kampfstoffe-geschichte-entwicklung-und-einsatz

Chemische Kampfstoffe

Geschichte, Eigenschaften, Wirkung

Seminararbeit aus Wehrtechnik II

am

FH-DiplStG „Militärische Führung“

eingereicht von

Fhr Markus SCHNEDLITZ

WIENER NEUSTADT, im Mai 2008

Inhaltsverzeichnis

1. EINLEITUNG 4

2. DEFINITION 5

3. GESCHICHTE DER EINSÄTZE UND DER ENTWICKLUNG VON CHEMISCHEN KAMPFSTOFFEN UND CHEMISCHEN KAMPFMITTELN... 6

3.1 ... IN DER ZEIT VOR DEM ERSTEN WELTKRIEG 6

3.2 ... WÄHREND DES ERSTEN WELTKRIEGES 10

3.3 ...ZWISCHEN DEN WELTKRIEGEN 15

3.4 ...WÄHREND DES ZWEITEN WELTKRIEGES 15

3.5 ... NACH DEM ZWEITEN WELTKRIEG 16

4. GRUNDBEGRIFFE UND EIGENSCHAFTEN VON CHEMISCHEN KAMPFSTOFFEN 20

4.1 PHYSIKALISCHE UND CHEMISCHE EIGENSCHAFTEN VON CHEMISCHEN KAMPFSTOFFEN 20

4.2 TOXIKOLOGISCHE EIGENSCHAFTEN VON CHEMISCHEN KAMPFSTOFFEN 22

5. FORMEN UND WIRKUNG VON CHEMISCHEN KAMPFSTOFFEN 24

6. NERVENKAMPFSTOFFE 25

6.1 EIGENSCHAFTEN UND STRUKTUR 25

6.2 WIRKUNG UND SYMPTOME 28

7. HAUTKAMPFSTOFFE 30

7.1 LOSTE 30

7.1.1. Eigenschaft und Struktur 30

7.1.2. Wirkung und Symptome 32

7.2 ARSENHALTIGE HAUTKAMPFSTOFFE 34

7.2.1. Eigenschaften und Struktur 34

7.2.2. Wirkung und Symptome 34

7.3 NESSELSTOFFE 35

7.3.1. Eigenschaften und Struktur 35

7.3.2. Wirkung und Symptome *36*

8. BLUTKAMPFSTOFFE **37**

8.1 ZELLGIFTE 37

8.1.1. Eigenschaften und Struktur *37*

8.1.2. Wirkung und Symptome *38*

8.2 BLUTGIFTE 39

9. LUNGENKAMPFSTOFFE **40**

9.1 EIGENSCHAFTEN UND STRUKTUR 40

9.2 WIRKUNG UND SYMPTOME 41

10. REIZKAMPFSTOFFE **42**

10.1 AUGENREIZSTOFFE 42

10.2 NASEN- UND RACHENREIZSTOFFE 43

11. PSYCHOKAMPFSTOFFE **46**

12. C-WAFFEN UND TERRORISMUS **49**

13. GEGENWART UND ZUKUNFT DER CHEMISCHEN WAFFEN **50**

14. INTERNATIONALE ABKOMMEN GEGEN DEN EINSATZ VON C-WAFFEN 51

15. ZUSAMMENFASSUNG **53**

1. Einleitung

In der heutigen Zeit ist der Einsatz von chemischen Kampfstoffen verpönt und wird geächtet. Trotzdem kann der Einsatz dieser nicht ausgeschlossen werden, wie aus der Geschichte der letzten Jahre ersichtlich ist. In vielen Ländern gibt es große Mengen an Restbeständen und Altlasten, die jederzeit einsatzbereit sind.

Der Verfasser hat dieses Thema gewählt um die Aktualität dieses Themas aufzuzeigen und auf die noch bestehende Bedrohung des Einsatzes dieser Kampfstoffe aufmerksam zu machen.

Der Verfasser hat sich für die Bearbeitung des Themas folgende forschungsleitende Fragen gestellt:

„Wie stellen sich die Geschichte der Entwicklung und des Einsatzes chemischer Waffen und die rechtlichen Grundlagen dar?"

„Was sind die Eigenschaften und Wirkung chemischer Kampfstoffe und wie sind diese Zusammengesetzt?"

Um diese Fragen zu beantworten wird zunächst auf die Geschichte der chemischen Kampfstoffe und deren Entwicklung eingegangen. In weiterer folge beschreibt die Arbeit die chemischen und physikalischen Eigenschaften der wichtigsten Vertreter in den verschiedenen Kampfstoffgruppen, sowie deren Wirkung auf die kontaminierten Personen. Anschließend werden die rechtlichen Grundlagen für ein Verbot des Einsatzes chemischer Kampfstoffe und das potentielle Gefahrenbild aufgezeigt.

2. Definition

„Chemische Kampfstoffe

Chemische Kampfstoffe sind chemische Substanzen für den militärischen Einsatz mit folgenden Zielen:

- ***den Gegner zu töten, zu schädigen oder zeitweilig gefechtsunfähig zu machen,***
- ***das Leben im Hinterland zu stören,***
- ***den Nachschub zu verzögern oder zu unterbrücken,***
- ***die Kampfmoral zu brechen,***
- ***Panik, Angst und Schrecken unter der Zivilbevölkerung auszulösen.***

Definition gem. HMV

- ***sind feste, flüssige oder gasförmige Chemikalien, die derart giftige (toxische) Eigenschaften besitzen, dass sie bei der Freisetzung aus eigens dazu entworfenen Geräten oder aus dazu entworfener Munition, den Tod oder sonstige Körperschäden herbeiführen.[1]“***

---

[1] Obst Ing Hemmer, Heinz: Chemische Waffen. In: Schulbehelf 108_002. FH-DiplStG „MilFü“, HS & LM-Verw. S. 21

3. Geschichte der Einsätze und der Entwicklung von chemischen Kampfstoffen und chemischen Kampfmitteln…

In den folgenden Unterkapiteln werden die geschichtliche Entwicklung und die Einsätze von chemischen Waffen und Kampfmitteln beschrieben. Bei der Durchsicht von einschlägiger Literatur zu diesem Thema stößt man vieler Orts auf die Formulierung „vermutlicher Einsatz von…“ oder „unerklärbares Sterben von Menschen….“ da oft keine Beweise für den Einsatz von C-Waffen mehr gefunden wurden oder gar nicht untersucht wurde. Es ist daher davon auszugehen das es weltweit zu weitaus mehr als nur den öffentlich gekannten Anwendungen von chemischen Kampfstoffen gekommen ist.

3.1 … in der Zeit vor dem ersten Weltkrieg

Die Anfänge der Kriegsführung mit Hilfe chemischer Kampfstoffe und Kampfmittel liegt Jahrtausende zurück. Es ist mit hoher Wahrscheinlichkeit anzunehmen, dass schon lange vor den ersten bekannten Aufzeichnungen tierische und pflanzliche Gifte an Waffen (Pfeile, Messer usw.) bei der Jagd, aber auch beim Kampf eingesetzt worden sind. Ein Pfeilgift namens CURARE zählt wohl zu den bekanntesten Giften aus jener Zeit.[2]

In alten chinesischen Schriften über das Militärwesen findet man Hinweise auf die Verwendung von Giften, reizendem Rauch und Brandmitteln. Besonders zur Erstürmung von Festungen, also im stationären Kriegseinsatz, fanden diese Kampfstoffe vorerst ihre Anwendung. Feuer und die absichtlich erhöhte Rauchentwicklung durch Beimischung von Harzen, tierischen Fetten oder Pech dienten zur Verschleierung der eigenen Bewegung der Truppen, aber auch der Beeinträchtigung der verteidigenden Kräfte. Größere Erfolge im Einsatz dieser Kampfmittel blieben jedoch aufgrund der ungenügenden technischen Einsatzmitteln oder der Wirksamkeit der Stoffe meist aus.[3]

Aus der Zeit 600 v. Chr. sind Berichte überliefert, welche über die Einnahme einer Stadt durch Vergiftung der Trinkwasserversorgung durch den Saft der NIESWURZ erzählen.

---

[2]Vgl. Obst Ing Hemmer, Heinz: Chemische Waffen. In: Schulbehelf 108_002. FH-DiplStG „MilFü“, HS & LM-Verw. S. 5
[3] Vgl. Ebd. S. 5

Dieses Gift soll zu einer Durchfallerkrankung geführt haben, welche die Bewachung beeinträchtigte und so die Eroberung der Stadt ermöglichte.

Im Pelloponesischen Krieg (431-404 v. Chr.) setzten die Spartaner Schwefelrauchkörper ein, die durch das so entstehende Schwefeldioxid als Reizmittel dienten. Ebenso wurden um die Festung PLATÄA zu erobern, giftige Gase verwendet, die entstehen, wenn man mit Schwefel und Pech getränktes Holz anzündet.

In den Schriften des Autors SEXTUS JULIUS AFRICANUS beschreibt dieser die Möglichkeit der Anwendung von Giften, Flämm- und Brandmitteln zu kriegerischen Zwecken. Auch schildert er die nötigen Arbeitsschritte zur Vergiftung von Brunnen und Lebensmitteln.[4]

Die detailierte Beschreibung des bereits seit dem 6. Jhdt. vor Chr. bekannten „Griechischen Feuertopfes“ ist ebenso angeführt. Dieses Gemisch aus Schwefel, Salpeter, kredonischem Pyrit (Antimonsulfid), Sykomorensaft, flüssigem Asphalt und ungelöschtem Kalk soll schon durch das Einwirken einfacher Sonnenstrahlen zur Entzündung gebracht werden können.[5]

360 v. Chr. empfiehlt ein Kriegsherr namens AINAIAS die Benutzung von Töpfen mit Schwefel, Harz, Pech, Werg und Holzspänen für den Kriegseinsatz.[6]

187 v. Chr. werden römische Truppen durch beißenden Qualm von sengenden Federn aus den unterirdischen Gängen der Stadt AMBRACIA (Griechenland) vertrieben.

Während der Sung Dynastie in China (960 – 1279) wird giftiger Arsenrauch in Kriegen eingesetzt.

Der byzantinische Feldherr BELISAR vergiftet die Wasserzisterne der Stadt AUXINIUM genauso wie im Jahre 1135 Kaiser BARBAROSSA die der Stadt TORTONA und bezwingt damit die Verteidiger.

Ein altes Kriegsbuch von Hassan ALRAMMAH, das zwischen 1275 und 1295 geschrieben wurde, könnte man wahrscheinlich als erste Vorschrift für den Einsatz von „psychotoxischen“ Kampfstoffen bezeichnen. In ihm findet man die Beschreibung der Anwendung von giftigen

---

[4] Vgl. Ebd. S. 6

[5] Vgl. Obst Ing Hemmer, Heinz: Chemische Waffen. In: Schulbehelf 108_002. FH-DiplStG „MilFü“, HS & LM-Verw. S. 6

[6] Vgl. Szinicz, L.: Geschichte biologischer und chemischer Kampfstoffe. Online in Internet: URL: http://www.gesundheitsmanagement-tuebingen.de/regtox/31scihis.pdf [Stand 22.05.2008]

und einschläfernden Dämpfen, die durch die Verbrennung von arsen- und opiumhältigen Stoffen entstehen.

Der Arzt FIORAVANTI erzeugt um 1400 durch Destillation einer Mischung aus Terpentin, Menschenkot, Schwefel und Blut ein Öl, dessen Gestank kein Mensch aushalten kann.[7]

1452-1519 empfiehlt auch Leonardo da Vinci die Nutzung von arsenhaltigem Rauch zur Belagerung von Festungen.[8]

Etwa 1570 schlug der österreichische Ritter Veit Wulff von Senftenberg vor, arsenhaltigen Rauch durch Hunyadi bei der Verteidigung von Belgrad gegen die Türken zu verwenden. Die sogenannten Arsenikrauchkugeln sollten ins feindliche Lager geschleudert und so die Lagerbesatzung vergiftet werden.

1601 wird in einer Chronik die Anwendung von „stinkendem Rauch" beschrieben, der von den Mongolen in der Schlacht bei LIEGNITZ (1241) eingesetzt worden sein soll.

Um 1654 wurde vom Mailänder Alchimisten DATILLO der Vorschlag unterbreitet, einen pulverartigen Stoff zu verwenden, der bei seiner Verbrennung einen dichten Rauch und unerträglichen Gestank verbreitete. Ebenso mischte er ein Öl aus tierischen Stoffen und Chemikalien, dessen Gestank die Betroffenen kampfunfähig gemacht haben soll.

Eine Stielhandgranate gefüllt mit Arsen, Antimon und Schwefel wird in einem Buch über Artillerie 1660 erwähnt. Diese sogenannte „FEWER-BALLEN" entwickelten beim Abbrand einen giftigen Rauch und sie wurden bis ins 17. Jhdt. mehrfach in Kriegen eingesetzt.[9]

KASIMIR SIMIENOWICZ schreibt in seinem 1676 gedruckten Buch „ARTIS MAGNAE ARTILLERIAE" über die Verwendung von Giften in der damaligen Kriegsführung *„Im Kriege stirbt man jetzt nicht nur auf eine, sondern auf eine dreifache Art: durch Eisen oder Blei, durch Gift und Feuer"*[10]. Weiters beschreibt er die Herstellung von Giftkugeln gefüllt mit „Mercurial – Wasser" (ein damals unter Alchemisten verwendetes Lösemittel, das angeblich alle Materie auflösen konnte) und giftigen Säften.

---

[7] Vgl. Obst Ing Hemmer, Heinz: Chemische Waffen. In: Schulbehelf 108_002. FH-DiplStG „MilFü", HS & LM-Verw. S. 6

[8] Vgl. Szinicz, L.: Geschichte biologischer und chemischer Kampfstoffe. Online in Internet: URL: http://www.gesundheitsmanagement-tuebingen.de/regtox/31scihis.pdf [Stand 22.05.2008]

[9] Vgl. Obst Ing Hemmer, Heinz: Chemische Waffen. In: Schulbehelf 108_002. FH-DiplStG „MilFü", HS & LM-Verw. S. 7

[10] Vgl. Ebd. S. 7

Ein Geschoss mit zwei Kammern gefüllt mit Salpetersäure und Terpentinöl konstruierte ein Arzt, Chemiker und Technologe namens GLAUBER. Es sollte zum Ausräuchern von Gegnern benutzt werden, da es augenreizende Gase entwickelt.

Ende des 18. Jhdt. setzte Frankreich zur steigernden Wirkung seiner Artilleriegeschosse Chemikalien ein. Im Zuge dessen wurde erstmals Phosphor als brandauslösender Stoff bei der Kaperung von Schiffen verwendet. Die Truppen belagerter Städte sollen mit „Stinkbomben", die aus Heißluftballons abgeworfen wurden, bombardiert worden sein.

Mit Blausäure getränkte Pinsel sollten auf Vorschlag eines Berliner Apothekers 1813 auf Bajonette befestigt werden. Dies wurde jedoch aufgrund der schlechten Handhabbarkeit vom damaligen General Bülow abgelehnt.

1830 wurde schließlich eine Gas- und Brandgranate erfunden, die bei ihrer Explosion einen hustenreizenden Rauch entwickelte.

1844 töteten französische Truppen in Marokko eine Gruppe Aufständischer in einem Höhlenlabyrinth, indem vor den Eingängen Faschinen (Reisig- und Strauchbündel) entzündet wurden, deren Rauchgase tödlich wirkten.

1845 lässt der französische Oberst PELISSIER gegen aufständische Kabylen in der Höhle von Nemchia Rauch aus grünem Reisig einsetzen (1095 von 1150 sterben).[11]

1854 werden vom englischen Chemiker STENHOUSE (Entdecker des Chlorpikrins ein Lungenkampfstoff) Granaten mit Ammoniakfüllung (Tränenreizstoff) vorgeschlagen. Diese sollen für einen kurzen und schnellen Krieg sorgen, da diese Stoffe in hoher Konzentration das Herz und das Nervensystem schädigen. Erstmals spricht STENHOUSE auch von der Verwendung von Schutzmasken zum Gasschutz. Im gleichen Jahr geht im englischen Kriegsministerium der Vorschlag ein, Bomben mit giftigem Kakodyloxid (Arsenoxidverbindung) zu füllen. Nach der Detonation sollte sich das Gift entzünden oder zu tödlichen Schäden bei Menschen durch Vergiftung führen. Diese Anregungen werden jedoch vom Ministerium abgelehnt.

---

[11] Vgl. Szinicz, L.: Geschichte biologischer und chemischer Kampfstoffe. Online in Internet: URL: http://www.gesundheitsmanagement-tuebingen.de/regtox/31scihis.pdf [Stand 22.05.2008]

Französische Befehlshaber verhinderten dank ihrem Kommando über die Expeditionstruppen, dass der englische Lord DUNDONALD 1855 im Krimkrieg das Fort MALAKOW durch Abbrennen einer Mischung aus Schwefel, Teer und Kohle einnehmen konnte.

1863 meldete der New Yorker Ingenieur J. W. DOUGHTY ein Patent auf mit Chlor gefüllte Granaten an. Diese sollten im amerikanischen Bürgerkrieg eingesetzt werden. Ob oder wo es zu einer Erprobung oder Einsatz gekommen ist, wurde nicht überliefert.

1870 -1871 schlug ein deutscher Apotheker im französich – deutschen Krieg den Einsatz von Kampfstoffgranaten gefüllt mit VERATRIN (Insektizid gegen Kopfläuse) vor. Dieser Reizstoff hätte die Gegner nicht getötet, sondern durch Auftreten eines 30-minütigen Niesreizes kampfunfähig gemacht.[12]

1871/72 wurden in den USA Patente angemeldet, die die Sicherung von Warenlagern und Tresoren mit Giftstoffen beinhalteten.

Die deutsche Armee untersuchte in ihren artillerietechnischen Laboren Erfindungen von chemischen Kampfmitteln, die im Festungskrieg eingesetzt werden konnten. 1897 wurde dann ein Patent auf ein Geschoss eingereicht, welches bei der Explosion giftige Gase freisetzte.[13]

3.2 … während des ersten Weltkrieges

Der rasche Aufschwung der chemischen Industrie, besonders die großtechnischen Produktionsverfahren der Farbindustrie erwiesen sich als geeignete Produktionsstätte für die Masse an militärisch bedeutsamen Mengen an Giftstoffen. Dies ist mitunter ein Grund für die erschreckend schnelle Entwicklung und den Einsatz chemischer Kampfstoffe im ersten Weltkrieg.

Obwohl viele Staaten sich in der Haager Landkriegsordnung dem Verbot der Verwendung von Geschossen mit dem Zweck erstickende und giftige Gase zu verbreiten unterwarfen, ging der erste Weltkrieg als erster und bis jetzt größter militärischer Einsatz mit C-Kampfstoffen hervor.

---

[12] Vgl. Obst Ing Hemmer, Heinz: Chemische Waffen. In: Schulbehelf 108_002. FH-DiplStG „MilFü", HS & LM-Verw. S. 8f

[13] Vgl. Ebd. S. 8f

Zuerst setzten die Franzosen im August 1914 Gas-Gewehrgranaten gefüllt mit Augenreizstoff (Bromessigester)ein. Die geringe Menge von nur 19 Kubikzentimetern reichte jedoch nicht aus, um eine wirksame Konzentration am Gefechtsfeld zu erreichen.[14]

Am 27. Oktober 1914 folgte dann ein deutscher Artilleriefeuerüberfall mit 3000 10,5 cm Schrapnellen. Diese Geschosse waren neben der Brisanzladung mit Dianisidinsalz (eine Art von Niespulver) gefüllt. Auch hier zeichnete sich kein nennenswerter Erfolg ab.

Im November 1914 kam es unter dem Decknamen „Tonite" zur Erstanwendung des augenreizenden Chloracetons durch Frankreich.[15]

All diese ersten Versuche zu Anfang des ersten Weltkrieges blieben erfolglos, da zumeist die Konzentration oder die meteorologischen Verhältnisse nicht entsprachen. Als im Winter 1914/1915 dann die Westfront zum Stellungskrieg erstarrte, empfahl der deutsche Chemiker Prof. Dr. Fritz HABER die Anwendung von Chlor aus Druckgasflaschen, um Festungen zu „brechen" und dem Gegner in den Stellungen zu vernichten. Unter Leitung dieses Nobelpreisträgers (1918 für Chemie-Technische Stickstoffgewinnung – HABER/BOSCH Verfahren) wurde von einer Gruppe von Wissenschaftlern die „wissenschaftlichen" Vorbereitungen des Blasangriffes betrieben. Sogar dem deutschen Kaiser selbst wurde ein Versuchsabblasen vorgeführt. Dabei dienten Schafe als Versuchsobjekte.[16]

Der erste Feldversuch mit Chlorgas fand dann im Jänner 1915 an der Ostfront statt. Aus metergroßen Gasflaschen wurde Chlor auf die russischen Stellungen abgeblasen, mit dem Resultat von zahlreichen Toten und Verletzten.

Im Januar 1915 wurde Xylylbromid (taktische Kampfmischung gegen Augen, Nasen und Rachen) eingesetzt, als deutsche Truppen bei Bolimow und Łódź 15-cm-12-T-Granaten verschossen. Im kaiserlichen Deutschland wurde es als T-Stoff bezeichnet (in Großbritannien als Elder-Gas) und als chemischer Kampfstoff betrachtet und auch verwendet. Die Wirkung war auf Grund der herrschenden Temperaturen gering, da nicht genügend Xylylbromid verdampfen konnte. Bei einem Einsatz an der Westfront im März 1915 in der der Nähe von Nieuport (Westflandern) war der Erfolg auf Grund höherer Temperaturen größer.

---

[14] Vgl. Ebd. S. 9

[15] Vgl. Szinicz, L.: Geschichte biologischer und chemischer Kampfstoffe. Online in Internet: URL: http://www.gesundheitsmanagement-tuebingen.de/regtox/31scihis.pdf [Stand 22.05.2008]

[16] Vgl. Obst Ing Hemmer, Heinz: Chemische Waffen. In: Schulbehelf 108_002. FH-DiplStG „MilFü", HS & LM-Verw. S. 10

Ebenfalls im März 1915 begann der Einbau von Chlorgasflaschen an der Westfront und man wartete nur noch auf günstige Wetterverhältnisse, besonders auf günstigen Wind.

22. April 1915 – „Der schwarze Tag von YPERN".

Abbildung „The Illustrated London News; Hanslian, 1937"

Unter dieser Bezeichnung ging der erste feldmäßige Blasangriff der Deutschen auf die französischen und englischen Soldaten in die Geschichte ein. Auf die völlig überraschten Gegner wurden aus 5730 Gasflaschen 30.000 kg Chlor auf einen 6 km breiten Frontabschnitt abgeblasen. Da kein Schutz in der Form von Gasmasken vorhanden war, mussten nach französischen Angaben 5000 Tote und 15000 Verletzte beklagt werden.
Insgesamt wurden auf diese Weise 498 t Chlor aus 20730 Zylindern abgeblasen, doch bald erfüllte diese Art der Anwendung nicht mehr seinen Zweck, da das metallische Geräusch bei In-Stellung-Bringen der Gasflaschen gehört wurde und die Windrichtung nicht immer passte. In weiteren Kriegsverlauf wurde ab 1917 dann das Abblasen durch das Verschießen von Gasgranaten aus Granatwerfern und Artilleriegeschützen abgelöst. Dadurch kannte der Gasangriff nicht nur überraschend stattfinden, sondern wurde durch die Sprenggranaten auch noch „getarnt".[17]

[17] Vgl. Ebd S. 11f

Die Entende Mächte zogen im Kampf mit chemischen Kampfstoffen nach. Am 25. September 1915 kam es an der Westfront bei Loos durch den Kommandeur der ersten englischen „Gasbrigarde“ FOULKES zum ersten Blasangriff gegen die Deutschen.

Deutschland erweiterte sein Arsenal an chemischen Kampfstoffen mit Phosgen (Lungenkampfstoff), welches es im Dezember 1915 erstmals einsetzte.

Die französische Armee verschoss am 21. Februar 1916 bei Verdun 75mm Granaten, die mit Phosgen gefüllt waren. Dieser Angriff endete mit hohen Verlusten auf deutscher Seite.

Am 7. Mai verschoss die deutsche Armee erstmalig Diphosgen (Lungenkampfstoff auch Perstoff genannt) aus Kanonenbatterien auf Stellungen an der Maas. Diesen Angriff folgte in der Nacht 22. zum 23. Juni 1916 ein siebenstündiges Trommelfeuer auf Stellungen bei Verdun. Hier wurden 76000 Haubitzen- und 40000 Kanonengranaten mit Diphosgenfüllung verschossen.

Am 1. Juli 1916 verschossen die Franzosen erstmals Blausäure (Blut- und Nervenkampfstoff) an der Somme. Dieser sehr flüchtige Kampfstoff konnte jedoch die erwartete Kampfkonzentration nicht erzeugen.

Die englischen Einheiten verwendeten am 24. September 1916 erstmals vierzöllige Granatwerfermunition gefüllt mit dem Augenreizstoff Jodessigester.

Im September/Oktober 1916 zogen dann auch die Russen in Punkto chemische Kampfstoffe nach. Sie setzten Chlorpikrin (Lungenkampfstoff) vermischt mit Chlor gegen die Deutschen ein. Chlorpikrin wurde 1848 durch den britischen Chemiker John STENHOUSE (siehe vorheriges Kapitel) entdeckt.

Im Oktober 1916 verschossen Frankreich und Österreich-Ungarn erstmals Chlorcyan.[18]

Am 10./11. Juli 1917 wurde von deutscher Seite der starkwirkende Nasen- und Rachenreizstoff CLARK 1 (Diphenylchlorarsin) eingesetzt. Dieser Stoff ging als „Maskenbrecher“ in die Geschichte ein, da die damals gebräuchlichen Schutzmasken noch über keinen Schwebstofffilter verfügten. Der Kampfstoff „durchschlug“ also die Schutzmaske und führte zu einem unerträglichen Hustenreiz bis hin zum Erbrechen. Soldaten, die daraufhin ihre Maske abnahmen, wurden durch andere Kampfstoffe wie Phosge oder Perstoff

[18]Vgl. Ebd. S. 12

(Lungenkampfstoffe) tödlich verletzt. Dieses Verschießen mehrerer verschiedener chemischer Munitionsarten nannte man „Buntschießen“ und die so kontaminierten Gebiete „bunte Räume“.

Die erste Verwendung des Hautkampfstoffes LOST fand am 12/13. Juli 1917 bei Ypern Deutschland durch die Deutschen statt. In den darauffolgenden Tagen wurden 2500 Tonnen dieses Kampfstoffes auf französische und englische Truppen verschossen, was zu einer zwar geringen Zahl an Toten, aber zu einer erheblichen Anzahl von Kampfstoffverletzten führte. Der Vorschlag zur Verwendung als Giftgas kam von den beiden deutschen Chemikern Lommel und Steinkopf, beides Mitarbeiter von Fritz HABER am Kaiser-Wilhelm-Institut. Der Name Lost entstand aus den beiden ersten Buchstaben ihrer Nachnamen. Bekannter ist LOST auch unter den Namen Senfgas, S-LOST oder Gelbkreuzgas.

Am 24. Oktober 1917 fand der Ersteinsatz chemischer Kampfstoffe an der Isonzofront statt. Österreichische Truppen gewannen mit Hilfe von 100.000 chemischen Artilleriegranaten eine Durchbruchsschlacht.[19]

Im März 1918 kam es zur Erstanwendung von arsenhaltigen Hautkampfstoffen (Ethyl- und Methyldichlorarsin) durch Deutschland. Zwei Monate später wurde von den Deutschen erstmals CLARK 2 (Cyanid-Arsen-Kampfstoff) eingesetzt.[20]

Als Antwort auf den Deutschen „Maskenbrecher“ setzten die Franzosen im September 1918 erstmalig Adamsit (Nasen- und Rachenreizstoff) ein.

1918 entdeckte der amerikanischen Chemiker Winford Lee Lewis das nach ihm benannte LEWISIT. Es ist von der Wirkung her mit LOST vergleichbar, kam aber im 1. Weltkrieg nicht mehr zum Einsatz.[21]

Insgesamt starben im Verlauf des 1. Weltkrieges an die 100.000 Menschen an den Folgen des Einsatzes chemischer Kampfstoffe. Die Zahl der durch diese C-Waffen verletzten Menschen liegt bei über 1,3 Millionen. Trotz dieser hohen Zahl an Toten und Verwundeten konnte keine Seite der Kriegsgegner einen kriegsentscheidenden Vorteil aus dem Einsatz von chemischen

---

[19] Vgl. Ebd. S. 13

[20] Vgl. Szinicz, L.: Geschichte biologischer und chemischer Kampfstoffe. Online in Internet: URL: http://www.gesundheitsmanagement-tuebingen.de/regtox/31scihis.pdf [Stand 22.05.2008]

[21] Vgl. Ebd.

Kampfstoffen erringen. Einzig die „Erprobung“ dieser neuen Art von Waffe und deren Weiterentwicklung wurde durch diesen Krieg beschleunigt.[22]

3.3 ...zwischen den Weltkriegen

Obwohl die Erforschung und der Besitz von chemischen Waffen im Friedensvertrag verboten wurde, arbeiteten deutsche und sowjetische Wissenschaftler von 1922 bis 1933 an der Entwicklung neuer chemischer Kampfstoffe (Feldversuche in Shikhany, Fabrik in Trotsk).[23]

1925 setzten Spanier und Franzosen gegen Aufständische Rif – Kabylen Yperit – Bomben (LOST) ein.

Im abessinisch – italienischen Krieg von 1935-1936 setzten die Italiener im heutigen Äthiopien ebenfalls LOST Bomben die von Flugzeugen abgeworfen wurden, ein. Über 15.000 Menschen starben, davon sind die Hälfte Zivilisten.

Im Japanisch – Chinesischen Krieg von 1937-1945 war bis zu 30% der verwendeten japanischen Munition mit C-Kampfstoffen gefüllt. (Choracetophenon, Diphenylcyanoarsin, Phosgen, Lewisit und Schwefellost)[24]

3.4 ...während des zweiten Weltkrieges

Mehreren Umständen ist es zu verdanken, dass während des zweiten Weltkrieges trotz Vorhandenseins diverser neuer und alter chemischer Kampfstoffe diese nicht zum Einsatz kamen.
Einerseits aufgrund der Abneigung Adolf Hitlers, selbst Opfer einer Giftgasangriffes (wurde verwundet), andererseits durch die Nichtvereinbarkeit mit der Blitzkriegsstrategie blieben die chemischen Waffen in ihren Lagern liegen. Trotzdem führte Deutschland zwischen 1937 und 1945 neben Schwefellost auch Stickstofflost (Tris-2 Chloräthylamin – HN 3) als Hautkampfstoff ein. Ebenfalls in diese Zeit fällt die Entwicklung von Nervenkampfstoffen bis

---

[22] Vgl. Obst Ing Hemmer, Heinz: Chemische Waffen. In: Schulbehelf 108_002. FH-DiplStG „MilFü“, HS & LM-Verw. S. 14
[23] Vgl. Szinicz, L.: Geschichte biologischer und chemischer Kampfstoffe. Online in Internet: URL: http://www.gesundheitsmanagement-tuebingen.de/regtox/31scihis.pdf [Stand 22.05.2008]
[24] Vgl. Ebd.

hin zur Feldverwendbarkeit und technischen Produktion in Deutschland, jedoch ohne Einsatz im Krieg. Federführend bei diesen Forschungen war der Konzern IG Farben, auch bekannt für den unmenschlichen Einsatz tausender Zwangsarbeiter in deren Fabriken. Sie entwickelten die Kampfstoffe SARIN (1mg/Mensch tödlich) und 1944 das noch giftigere SOMAN (0,5mg/Mensch tödlich).

Obwohl am Schlachtfeld als ungeeignet eingestuft, fanden toxische Gase jedoch während des zweiten Weltkrieges einen umso schrecklicheren Einsatzbereich. In den Gaskammern der Nazis kamen hunderttausende Menschen durch die Anwendung von Kohlenmonoxid und Zyklon B (Blausäure mit Kieselgur als Trägermaterial) ums Leben.[25]

Im Mai 1942 kam es zur unbeabsichtigten Freisetzung von polnischem S-LOST bei Jaslo in Polen bei Kampfhandlungen mit deutschen Truppen. Dabei wurden einige deutsche Soldaten getötet.

Auch im Dezember 1943 wurde Schwefellost von einem US-Transportschiff nach einem Bombenangriff in Bari freigesetzt. Ob es dadurch zu Todesfällen kam, ist nicht bekannt.

Auf der anderen Seite der Weltkugel setzte Japan während des Japanischen – Chinesischen Krieg 1937-1945 Choracetophenon, Diphenylcyanoarsin, Phosgen, Lewisit und Schwefellost ein.[26]

Auch in anderen Staaten ging die Forschung auf dem Gebiet der chemischen Waffen während des zweiten Weltkrieges weiter. So gab es in der Schweiz 1942 eine Veröffentlichung synthetisch hergestellter Psychokampfstoffe (LSD).[27]

3.5 … nach dem zweiten Weltkrieg

Auch nach Ende des zweiten Weltkrieges gingen die Forschungen weiter. Ab 1945 führten diese Forschungen in den USA zur Herstellung von Lysergsäurederivate (Abkömmling des LSD) und LSD 25 (Dimethyl- und Diäthylamid). Die meisten Fortschritte lassen sich auf das

---

[25] Vgl. Obst Ing Hemmer, Heinz: Chemische Waffen. In: Schulbehelf 108_002. FH-DiplStG „MilFü“, HS & LM-Verw. S. 15

[26] Vgl. Szinicz, L.: Geschichte biologischer und chemischer Kampfstoffe. Online in Internet: URL: http://www.gesundheitsmanagement-tuebingen.de/regtox/31scihis.pdf [Stand 22.05.2008]

[27] Vgl. Obst Ing Hemmer, Heinz: Chemische Waffen. In: Schulbehelf 108_002. FH-DiplStG „MilFü“, HS & LM-Verw. S. 15

Auffinden deutscher Geheimpatente zurückführen. In den 50er Jahren werden dann maßgeschneiderte Ultragifte entwickelt, die V-Stoffe. Der bekannteste dieser Kampfstoffe ist das VX (0,1 bis 0,01mg reichen, um einen Menschen umzubringen). Die Großproduktion des VX beginnt 1961.[28]

1949 wird durch die griechische Armee im griechischen Bürgerkrieg Schwefel verbrannt, um Aufständische aus den Höhlen am Taiyetos zu vertreiben.[29]

Um ihre Gegner (chinesische Partisanen) durch Hunger zur Aufgabe zu zwingen, setzten die Briten im letzten Kolonialkrieg Großbritanniens Phytotoxina gegen Felder in Westmalaysia ein.[30]

Im Koreakrieg (1950-1953) kam es zu mehreren Einsätzen chemischer Kampfstoffe von Seiten der USA, bei denen hunderte Menschen ums Leben kamen.

In den 50er Jahre wurde CS (ortho-Chlorobenzyliden malonsäuredinitril) in den USA und UK als Reizstoff eingeführt (synthetisiert durch Corson und Stockton in UK 1934).

Die Herstellung, Lagerung, Wartung und der Einsatz der Nervengifte sind auf Grund ihrer enormen Giftigkeit auch für das eigene Personal ein großes Sicherheitsrisiko. Dies veranlasste die USA ab 1954 zur Entwicklung von „binären C – Kampfstoffen". Bei dieser Art der Kampfstoffe handelt es sich um zwei Ausgangssubstanzen mit relativ geringer Giftigkeit, die erst durch ihre Mischung beim Abschuss oder Abwurf zur eigentlichen C-Waffe werden.[31]

Im Vietnamkrieg (1962-1972) setzen die Amerikaner Reizkampfstoffe, phytotoxische Kampfstoffe, VX und Satin ein. Um Teile des für die Aufklärung undurchdringlichen Blätterdachs zu entlauben, wurden zusätzliche chemische Mittel eingesetzt. Das bekannteste dieser Entlaubungsmittel wurde „Agent Orange" genannt, (nach der Farbe der Behälter, in denen das Mittel geliefert wurde). Daneben wurden auch noch Agent Purple, Agent Green, Agent Yellow, Agent Pink und Agent Blue verwendet. Insgesamt wurden etwa 100.000 Tonnen Pflanzengifte neben Reiz und Atemgifte eingesetzt. Bei diesen Operationen waren

---

[28] Vgl. Pueringer, J. Chemische Kampfstoffe. Fakultätsvertretung Naturwissenschaften UNI Wien. Wien. S. 30

[29] Vgl. Szinicz, L.: Geschichte biologischer und chemischer Kampfstoffe. Online in Internet: URL: http://www.gesundheitsmanagement-tuebingen.de/regtox/31scihis.pdf [Stand 22.05.2008]

[30] Vgl. Obst Ing Hemmer, Heinz: Chemische Waffen. In: Schulbehelf 108_002. FH-DiplStG „MilFü", HS & LM-Verw. S. 16

[31] Vgl. Pueringer, J. Chemische Kampfstoffe. Fakultätsvertretung Naturwissenschaften UNI Wien. Wien. S. 34

ca. 58.000 km² Land den Chemikalien ausgesetzt, wobei 38.000 km² (16% Südvietams) langfristig vergiftet sind.

Auch vietnamesische und amerikanische Soldaten, aber auch die vietnamesischen Zivilisten blieben von den giftigen Chemikalien nicht verschont. Es kam und kommt zu Missbildungen der Neugeborenen und zu einer erhöhten Krebsrate bei vielen, die mit den Substanzen in Berührung kamen.[32]

Während des Bürgerkrieges 1963-1967 im Jemen setzen intervenierende ägyptische Truppen Tränengas, Phosgen und Schwefellost ein.

1961 wurde Benzilsäureester (BZ) als Psychokampfstoff in die US Armee eingeführt.[33]

Im August 1967 setzen amerikanische Polizisten bei einer Demonstration ein Gas mit der Bezeichnung „CHEMICAL MACE" ein, welches die Betroffenen zu einem passiven Verhalten veranlasst. (Psychowirkung)[34]

Der C-Waffeneinsatz wird ständig weiter entwickelt, getestet und geübt, was aber vor der Öffentlichkeit verborgen bleibt. Ausnahmen sind jedoch Unfälle in Folge solcher Tests, die sich nicht verheimlichen lassen, so wie 1968. In der Nähe eines Army Testgeländes in Utha sterben 6400 Schafe, verteilt auf einem 500 km² großem Areal, an Krämpfen. Grund dafür waren einige Liter VX Kampfstoff, der von Flugzeugen aus falsch versprüht wurde. Zum Vergleich sei angeführt, dass in Mitteleuropa auf 500 km² durchschnittlich ca. 130.000 Menschen leben.[35]

1969 werden die offensiven B und C Programme der USA von Präsident Nixon gestoppt.[36]

Zwischen 1974 und 1981 werden von laotischen und vietnamesischen Streitkräften Senfgas, Reizstoffe, Nervenkampfstoffe und Mykotoxine von Flugzeugen versprüht. (226 C-Einsätze sind bekannt) Auch in Kambodscha sind 124 c-Einsätze durch den Vietnam bekannt. Zusätzlich soll es auch zu Vergiftungen von Trinkwasserquellen gekommen sein.

---

[32] Vgl. Pueringer, J. Chemische Kampfstoffe. Fakultätsvertretung Naturwissenschaften UNI Wien. Wien. S. 33
[33] Vgl. Szinicz, L.: Geschichte biologischer und chemischer Kampfstoffe. Online in Internet: URL: http://www.gesundheitsmanagement-tuebingen.de/regtox/31scihis.pdf [Stand 22.05.2008]
[34] Vgl. Obst Ing Hemmer, Heinz: Chemische Waffen. In: Schulbehelf 108_002. FH-DiplStG „MilFü", HS & LM-Verw. S. 17
[35] Vgl. Pueringer, J. Chemische Kampfstoffe. Fakultätsvertretung Naturwissenschaften UNI Wien. Wien. S. 31
[36] Vgl. Szinicz, L.: Geschichte biologischer und chemischer Kampfstoffe. Online in Internet: URL: http://www.gesundheitsmanagement-tuebingen.de/regtox/31scihis.pdf [Stand 22.05.2008]

In Angola kommt es während eines Luftangriffes im Mai 1978 auf Kasinga zum Einsatz eines „lähmenden Gases“ durch südamerikanische Truppen.

Im Februar 1979 kommt es zum Einsatz von Giftgas vietnamesischer Streitkräfte gegen chinesische Invasoren, die ihrerseits toxische Gase einsetzen.

Im Afghanistankrieg (1980-1989) werden sowohl von sowjetischer als auch von Seiten der Mujahedeen chemische Waffen eingesetzt.

Im Konflikt mit Somalia (1980-1982) setzen äthiopische Truppen Nervengas ein und versprühen großflächig chemische Kampfstoffe.

Flugzeuge aus Kambodscha versprühen ein „gelbes, toxischen Material“ auf thailändische Truppen, während diese Artilleriegranaten mit giftigen Chemikalien die Erbrechen verursachen, auf Kambodscha abschießen.

1983-1988 kommt es im Irak –Iran Krieg (Golfkrieg 1) zum Einsatz von Schwefellost, Tabun, Sarin und Cyclosarin durch irakische Streitkräfte. Besonders bekannt wurde hier der Fall eines C-Waffenangriffes auf ein kurdisches Dorf, bei dem 5000 Zivilisten ums Leben kommen.

1988 Einsatz von Schwefellost und Sarin gegen die kurdische Bevölkerung durch den Irak.

Im 2. Golfkrieg von 18. Jänner bis 28. Februar 1991 kommt es von der Weltöffentlichkeit nahezu unbeachtet zu 5 Fällen von Giftgaseinsätzen der irakischen Truppen gegen die Streitkräfte der Alliierten. Diese C-Waffenangriffe blieben jedoch auf Grund der optimalen ABC-Selbstschutzausrüstungen der Alliierten wirkungslos. Nach Ende des Krieges wurden durch Spezialisten der UNO ca. 75.000 Liter Tabun und Soman (Nervengift), 600 Tonnen Senfgas (Hautkampfstoff) und einige hundert Kilogramm VX gefunden und nach und nach vernichtet.[37]

[37] Vgl. Obst Ing Hemmer, Heinz: Chemische Waffen. In: Schulbehelf 108_002. FH-DiplStG „MilFü“, HS & LM-Verw. S. 18f

4. Grundbegriffe und Eigenschaften von chemischen Kampfstoffen

Um das Wesen und die Wirkung von chemischen Kampfstoffen zu verstehen ist es notwendig gewisse Grundbegriffe zu erläutern. Jeder chemische Kampfstoff hat bestimmte chemische, physikalische und toxikologische Eigenschaften. Diese Eigenschaften des Stoffes haben entscheidenden Einfluss auf dessen Eignung als Kampfstoff.

4.1 Physikalische und chemische Eigenschaften von chemischen Kampfstoffen

Die chemischen Eigenschaften wirken sich vor allem auf die Dauer der Lagerfähigkeit, die Empfindlichkeit gegenüber hydrolytischen Einflüssen des Wassers und der Luftfeuchtigkeit, die Empfindlichkeit gegenüber oxydativen und reduktiven Prozessen und eine hohe Beständigkeit gegen Druck aus. Die physikalischen Eigenschaften haben einen wesentlichen Einfluss auf die Verteilung des Kampfstoffes in der Luft, sowie dessen Wirkungsdauer im Gelände. Die wichtigsten physikalischen Eigenschaften der chemischen Kampfstoffe sind Schmelz- und Siedepunkt. Aus diesen resultieren wiederum die für die Wirkung des Kampfstoffes relevanten Eigenschaften der Flüchtigkeit und Sesshaftigkeit.

Als Schmelzpunkt wird die Temperatur bezeichnet, bei welcher eine chemische Verbindung vom festen in den flüssigen Aggregatszustand übergeht. Dieser Vorgang wird als Schmelzen bezeichnet und ist die Umkehr des Erstarrens. Der Siedepunkt bezeichnet die Temperatur, bei welcher eine Flüssigkeit in den gasförmigen Zustand übergeht. Schmelz- und Siedepunkt sind vom Dampfdruck abhängig. Der Dampfdruck ist der Partialdruck eines Gases und ist abhängig von der Temperatur. Ist der Umgebungsdruck bei konstanter Temperatur niedriger, als der Dampfdruck eines Stoffes, beginnt die Flüssigkeit in den gasförmigen Zustand überzugehen.

Um den Aggregatszustand von chemischen Kampfstoffen zu beschreiben wird meist von einer Temperatur von 20° C ausgegangen. Bei 20° C treten die meisten Kampfstoffe in flüssiger und gasförmiger Form auf. Reizstoffe und Psychokampfstoffe in fester.

Schmelzpunkt, Siedepunkt und Dampfdruck eines Stoffes haben also entscheidenden Einfluss auf die Flüchtigkeit und Sesshaftigkeit von chemischen Kampfstoffen.[38]

Von den Faktoren Flüchtigkeit und Sesshaftigkeit ist die Wirkungsdauer des chemischen Kampfstoffes an der Freisetzungsstelle abhängig. Flüchtige Kampfstoffe haben eine relativ kurze Wirkungsdauer, während sesshafte Kampfstoffe eine relativ lange Wirkungsdauer aufweisen. Diese Faktoren spielen eine entscheidende Rolle im Zuge der Beurteilung des Kampfstoffeinsatzes. Ist das Ziel des Einsatzes lediglich die Kampfunfähigkeit des Gegners und das Gelände für die eigene Kampfführung von geringer Bedeutung, kann sesshafter Kampfstoff zum Einsatz gebracht werden. Verlangt der Auftrag die Stationierung von eigenen Truppen im Zielgelände, muss flüchtiger Kampfstoff eingesetzt werden.

Die Flüchtigkeit ist, *„die Eigenschaft flüssiger und fester Stoffe, bei Normalbedingungen mehr oder weniger stark durch Verdunstung in den Dampfzustand überzugehen."*[39] Die Flüchtigkeit gibt also Aufschluss über die Neigung des chemischen Kampfstoffes in den gasförmigen Zustand überzugehen, auch wenn er seinen Siedepunkt nicht erreicht hat. Je höher der Dampfdruck, beziehungsweise je niedriger der Siedepunkt des Stoffes ist, desto größer ist seine Flüchtigkeit. Als flüchtige Kampfstoffe werden allgemein solche mit einem Siedepunkt unter 150° Celsius bezeichnet.

Die Sesshaftigkeit ist ein Maß für die Verweildauer eines Stoffes im Gelände, bis zu seiner völligen Verdampfung. Chemische Kampfstoffe mit einem Siedepunkt von mehr als 150° Celsius gelten als sesshaft. Die Eigenschaft der Sesshaftigkeit beschreibt jedoch nur das Verdampfungsverhalten des Kampfstoffes, in Abhängigkeit seiner Stoffeigenschaft. Für militärische Beurteilungen wird deshalb die Persistenz eines Stoffes als Parameter für seine Sesshaftigkeit herangezogen. Die Persistenz bezeichnet auch die Zeit eines Kampfstoffes bis zu seiner völligen Verdampfung, jedoch unter Einbeziehung von meteorologischen Bedingungen und den vorherrschenden Geländeeigenschaften. Somit werden beispielsweise auch Faktoren wie Temperatur, Luftfeuchte, Windgeschwindigkeit, Bodenbeschaffenheit und Bewuchs in die Berechnungen miteinbezogen. Die Sesshaftigkeit eines Stoffes kann durch Beimischung von anderen Stoffen beeinflusst werden.

---

38 Vgl. http://www.gifte.de/B-%20und%20C-Waffen/chemische_waffen.htm

39 Der Brockhaus multimedial 2008premium DVD. 10. Auflage. Bibliographisches Institut & F. A. Brockhaus AG. Mannheim 2007

4.2 Toxikologische Eigenschaften von chemischen Kampfstoffen

Die Dauer, für die ein Gelände gesundheitsschädigend von einem Kampfstoff kontaminiert ist, ist nicht nur von seiner Flüchtigkeit abhängig sondern auch von seinen toxikologischen Eigenschaften. Die Giftigkeit und Einwirkzeit auf den Organismus sind ein wichtiges Maß für die, für den Menschen entscheidende relative Toxizität des chemischen Kampfstoffes. Durch die im chemischen Kampfstoff enthaltenen Toxika[40] kommt es je nach Wirksamkeit zu akuten Vergiftungen, die nach kurzer Zeit Symptome hervorrufen oder zu chronischen Vergiftungen führen, deren Folgen erst nach Wochen auftreten. Man bedient sich bestimmten Größen, um den Grad der Kontamination und die Wirkung des chemischen Kampfstoffes darzustellen.

Reizschwelle:	Die Reizschwelle bezeichnet die in der Umgebungsluft vorhandene Mindestgiftkonzentration, um kampfstofftypische Reize auszulösen. Sie ist das Maß für die Menge eines Stoffes, der die zu erwartende Reizung hervorruft. Die Reizschwelle wird in mg/m^3 Umgebungsluft angegeben und geht von einer Einwirkungszeit von einer Minute aus.
Erträglichkeitsgrenze:	Die Erträglichkeitsgrenze gibt Aufschluss über die Konzentration eines Kampfstoffes in der Umgebungsluft, bei welcher es bei einer Einwirkungszeit von 1 Minute zu keiner Schädigung des gesunden Organismus kommt. Die Erträglichkeitsgrenze wird in mg/m^3 angegeben.
LD_{50}	LD ist die Abkürzung für Letaldosis. LD_{50} beschreibt die mittlere letale Dosis, bei der 50% der Betroffenen sterben.
LCT_{50}	LCT_{50} bezeichnet das letale Konzentrations-Zeit Produkt für 50% der betroffenen Personen. Das LCT_{50} wird in $mg*min/m^3$ angegeben und ist das Maß für die Konzentration des Kampfstoffes in mg/m^3, in Bezug auf die Einwirkungszeit. Je kleiner der LCT_{50} Wert, desto toxischer ist der Kampfstoff.

40 Anm. d. Verf.: Toxika sind anorganische Stoffe, die durch Eindringen in den Organismus zu Vergiftungen führen.

ID_{50}	ID_{50} bezeichnet die mittlere inhibitorische Dosis. Bei Überschreitung dieser Dosis werden 50% der Betroffenen kampf- und leistungsunfähig.
ICT_{50}	ICT_{50} ist das handlungsunfähigmachende Konzentrations-Zeit Produkt für 50% der Betroffenen. Das ICT_{50} wird wie das LCT_{50} in $mg*min/m^3$ angegeben.

LD_{50} und ID_{50} bezeichnen demnach die toxische Wirkung eines Stoffes. Um verwertbare Aussagen über diese Eigenschaft zu treffen werden die beiden Größen in mg/kg Körpergewicht oder mg/Mensch (70kg) angegeben. Für militärische Beurteilungen sind LCT_{50} und ICT_{50} aussagekräftiger, da die Einwirkungszeit neben der Konzentration einen entscheidenden Einfluss auf die Wirkung des Kampfstoffes hat.

5. Formen und Wirkung von chemischen Kampfstoffen

Chemische Kampfstoffe werden in zwei Gruppen gegliedert. Dabei unterscheidet man verlustbringende Kampfstoffe und störende Kampfstoffe. Der Einsatz von verlustbringenden Kampfstoffen hat entweder den Tod oder längere Ausfälle zur Folge. Die Letalität ist dabei von der Dosis abhängig. Die Wirkung von störenden Kampfstoffen ist hingegen nur kurzfristig vorhanden, tritt jedoch schnell ein. Der Einsatz von störenden Kampfstoffen führt zu einer zeitweiligen Handlungsunfähigkeit von maximal 24 Stunden.

Die weitere Einteilung von chemischen Kampfstoffen erfolgt nach ihrer Wirkung auf den Menschen. Chemische Kampfstoffe werden im Allgemeinen in folgende Gruppen unterteilt.

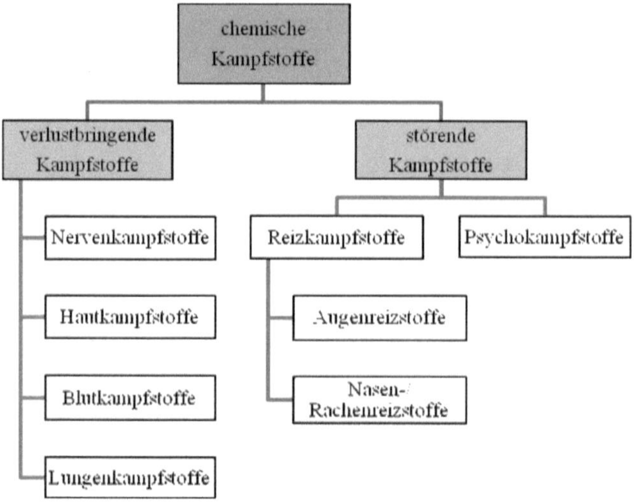

6. Nervenkampfstoffe

Nervenkampfstoffe wurden im Zuge von Forschungsarbeiten zur Herstellung von Insektiziden in den Dreißigerjahren des 20. Jahrhunderts entdeckt. Sie zählen zu den gefährlichsten und tödlichsten chemischen Kampfstoffen und führen bereits nach wenigen Minuten zum Ausfall oder Tod der kontaminierten Person. Das Erkennen von Nervenkampfstoffen am Gefechtsfeld ist äußerst schwierig, da sie nahezu in geruchloser und farbloser Form auftreten. Das Vorhandensein von diesen Kampfstoffen wird meist erst nach eintreten, der durch das Nervengift verursachten Symptome erkannt.

6.1 Eigenschaften und Struktur

„Die als Nervenkampfstoffe eingesetzten Substanzen sind organische Phosphorsäure- oder Phosphonsäureverbindungen und haben eine gemeinsame Grundstruktur."[41]

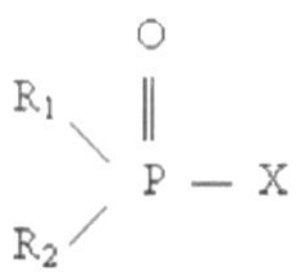	R_1, R_2 … ALKYL-; Alkoxy-, Dialkylamidrest X … Säurerest

Nervenkampfstoffe sind Organophosphate, die um ihre Wirkung zu entfalten zu, dem Acetylcholin ähnlichen, Tammelin'schen Estern weiterentwickelt wurden. Das Acetylcholin ist die Überträgersubstanz, welche Nervenimpulse an den Synapsen an die Endorgane oder Muskeln über die motorische Endplatte weiterleitet. Für den Abbau des Acetylcholin ist das Enzym Acetylcholinesterase verantwortlich. Das Ziel der Entwicklung von Nervenkampfstoffen bestand darin eine Verbindung mit dem Acetylcholin ähnlicher Struktur zu schaffen, um in diesen biologischen Prozess einzugreifen.

41 Richter, Erwin: Chemische Kampfstoffe. Arbeitsskriptum. ABC AbwS. Korneuburg 1989.

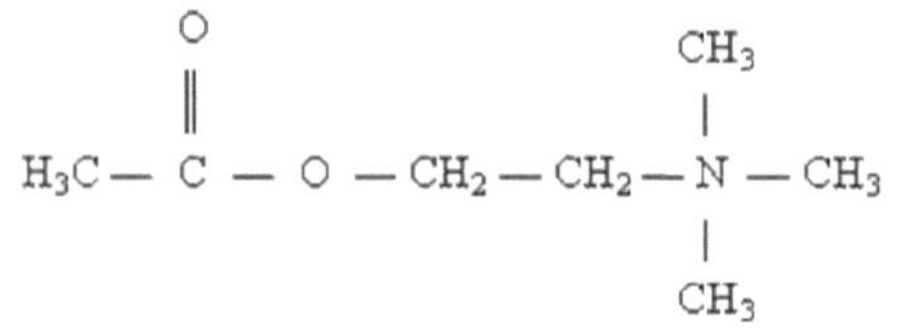	Acetylcholin
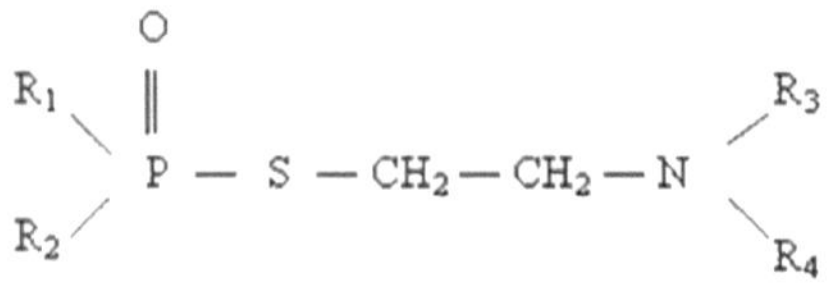	Tammelin'scher Ester

Nervenkampfstoffe werden in der Norm durch die intakte Haut, die Schleimhäute und die Augenbindehaut oder über die Atemwege aufgenommen. Die Resorptionsgeschwindigkeit kann durch Zugabe von Lösungsmitteln beschleunigt werden. Die wichtigsten Nervenkampfstoffe sind Tabun (GA), Sarin (GB), Soman (GD) und VX. Diese chemischen Kampfstoffe besitzen folgende Eigenschaften:

Kampfstoff	Tabun	Sarin	Soman	VX
Molekulargewicht	162,13 g/mol	140,09 g/mol	180,16 g/mol	267,37 g/mol
Schmelzpunkt	-50° C	-56° C	-42° C	-51° C
Siedepunkt	120° C	158° C	198° C	298° C
LD50	1 bis 3 g/Mensch	1,7 g/Mensch	1 g/Mensch	10 bis 15 mg/Mensch
LCT50	400 mg*min/m3	70 bis 80 mg*min/m3	100 mg*min/m3	100 mg*min/m3
ICT50	300 mg*min/m3	40 bis 50 mg*min/m3	50 mg*min/m3	50 mg*min/m3

Tabelle 1[42]

Der Kampfstoff Tabun, auch Dimethylphosphoramidocyanidic acid, ist ein Nervengift und zählt zur Gruppe der Phosphorsäureester. Tabun ist eine farblose, wasserklare Flüssigkeit mit fruchtigen bis „fischigen" Geruch. Dieser Kampfstoff ist gut wasserlöslich und sehr sesshaft. Zur Lagerung von Tabun sind Stabilisatoren nötig. Die Aufnahme in den Körper erfolgt entweder über die intakte Haut oder über die Atemwege. Tabun wird als Aerosol in gesprühter Form eingesetzt.

42 Vgl. Trieb, Peter: Datenbank chemische Kampstoffe. Allgemeine Physik Merkblatt. Wien 1995. Datenblätter.

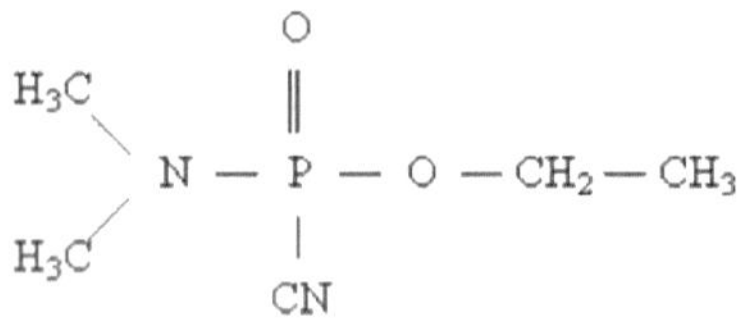	Tabun $C_5H_{11}N_2O_2P$

Der Kampfstoff Sarin, auch Fluorphosphonsäuremethylisopropylester, ist eine geruchlose und farblos bis leicht bersteinfarbige ölige Flüssigkeit. Seine Konsistenz entspricht der von Motoröl. Sarin wird als Aerosol eingesetzt und ist sehr flüchtig. Die Halbwertszeit beträgt bei einem ph - Wert von 11 nur 30 Sekunden. Sarin hat seinen Namen von seinen Entwicklern **S**chrader, **A**mbros, **R**üdiger und von der **Lin**de[43]. Die Aufnahme des Kampfstoffes in den Körper erfolgt über die intakte Haut, die Atemwege und die Augen.

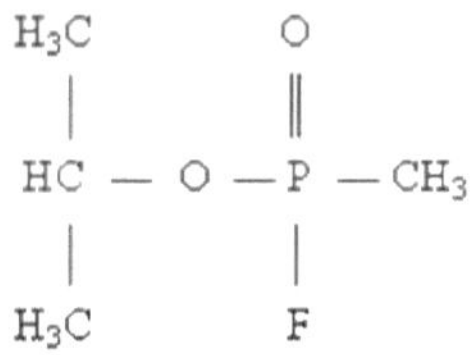	Sarin $C_4H_{10}FO_2P$

Der Nervenkampfstoff Soman, auch Methylphosphonofluoric acid, ist eine farblose und geruchlose Flüssigkeit. Dieses Nervengift ist wenig flüchtig und besitzt eine gute Wasserlöslichkeit. Die Aufnahme in den Körper erfolgt über die intakte Haut, die Augen und die Atemwege. Soman ist in seiner Lagerfähigkeit sehr stabil und kann ohne technische Hilfsmittel gelagert werden.

43 Vgl. http://www.gifte.de/B-%20und%20C-Waffen/sarin.htm [Stand 20.05.2008]

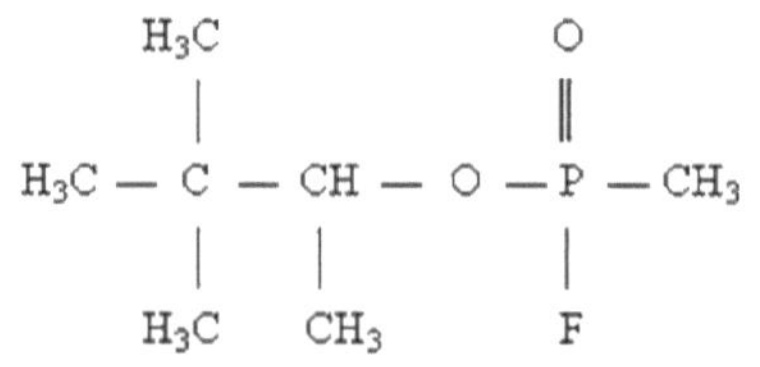	Soman $C_7H_{16}FO_2P$

Der Nervenkampfstoff VX, auch Methylphosphonothioic acid, ist die giftigste und bekannteste Verbindung der vier angeführten Nervengifte. VX ist eine geruch- und farblose Flüssigkeit mit öliger Konsistenz. Die Flüssigkeit ist sehr sesshaft und gelangt als Aerosol zur Anwendung. VX kann über die Haut, die Atemwege oder über die Augen in den Körper aufgenommen werden. VX gehört zu der Gruppe der V – Kampfstoffe, welche in den USA in den Fünfzigerjahren des 20. Jahrhunderts entwickelt wurden.

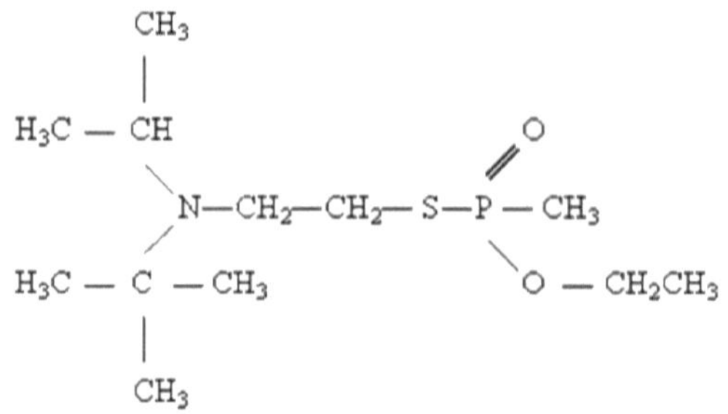	VX $C_{11}H_{26}NO_2PS$

6.2 Wirkung und Symptome

Die Übermittlung eines Reizes vom Zentralnervensystem an das Endorgan (Muskulatur, Organ) erfolgt über Nervenzellen. Diese Nervenzellen sind untereinander und mit dem Endorgan durch Synapsen verbunden. Die Reizübertragung über die Synapsen erfolgt durch Überbrückung des synaptischen Spaltes mit Hilfe einer Überträgersubstanz, des Neuroransmitters Acetylcholin. Das ausgeschüttete Acetylcholin wird durch Rezeptoren aufgenommen und es erfolgt durch die Reizung eine Kontraktion der Muskulatur. Das Acethylcholin wird nach der Reizübertragung durch das Enzym Acetylcholinesterase hydrolytisch[44] in Essigsäure und Cholin gespalten. Die Spaltung des Acetylcholins macht eine Erschlaffung der Muskulatur möglich.

Nervenkampfstoffe wirken durch die Hemmung dieses Enzyms Acetylcholinesterase. Durch diese Hemmung kann das Enzym das Acetylcholin nicht mehr spalten und es kommt zu einer Anhäufung des Acetylcholins im synaptischen Spalt. Durch diese Anhäufung des Acetyhcholins ist eine Erschlaffung der Muskulatur nicht mehr möglich. Nervenkampfstoffe haben jedoch nicht nur Auswirkungen auf die Muskulatur sondern auf die gesamten synaptischen Verbindungen. Die Hemmung der Acetylcholinesterase führt zu einer Dauerreizung aller betroffenen Nerven. Diese Reizung stellt die Hauptursache für die Vergiftungserscheinungen dar.

Die Vergiftung durch Nervenkampfstoffe äußert sich durch verschiedene Anfangssymptome und Hauptsymptome. Die Reihenfolge der Symptome hängt von der Art der Aufnahme des Kampfstoffes ab. Zu den Anfangssymptomen zählen Kopfschmerzen und eine verstärkte Sekretbildung mit Tränenfluss, Nasenlaufen, erhöhtem Speichelfluss und Schweißausbrüchen. Weiters kommt es zu einer Pupillenverengung, verbunden mit Sehstörungen, Augenschmerzen und Muskelzucken an Stellen, an denen der Kampfstoff über die Haut eingedrungen ist. Am schnellsten wirken Nervenkampfstoffe auf die Atemwege und führen, durch eine Verengung in den Bronchien und einer Übersekretion zu Atembeschwerden und einem Engegefühl in der Brust. Das Vollbild der Vergiftung äußert sich durch die Hauptsymptome. Dazu gehören Muskelzittern, Muskelkrämpfe, Erbrechen und ein unkontrollierter Stuhl- und Harnabgang. Die Wirkung des Nervenkampfstoffes führt zu einer Übertragungsstörung im Gehirn, verbunden mit Ängstlichkeit, Erregung, Verwirrtheit, Schwäche und in weiterer Folge Bewusstlosigkeit. Die Atemnot steigert sich zu einer Atemlähmung, welche in Verbindung mit einem Kreislaufstillstand zum Tod führt. Bei leichten Vergiftungen treten nur die Anfangssymptome auf. Die Hemmung der Acetylcholinesterase dauert Tage bis Wochen. Die Kontamination durch Nervengift kann durch die Enzymalterung[45] zu bleibenden Schäden führen.

---

44 Anm. d. Verf.: Spaltung einer chemischen Verbindung durch die Reaktion mit Wasser
45 Anm. d. Verf.: : irreversible Bindung des Nervenkampfstoffes an die Acetylcholinesterase

7. Hautkampfstoffe

Hautschädigende chemische Kampfstoffe wurden bereits im ersten Weltkrieg eingesetzt. Hautkampfstoffe wirken nicht nur lokal auf die betroffenen Hautzellen sondern können durch Eindringen in den Körper Augen, Atemwege und innere Organe systematisch schädigen. Hautkampfstoffe liegen meist in flüssiger Form vor. Sie entfalten ihre Wirkung auf die Haut, durch direkte Berührung der Flüssigkeit und im Inneren des Körpers nach Verdunstung, durch die Aufnahme des Giftes in Dampfform. Diese Kampfstoffart ist durch ihr Vermögen besonders rasch durch die Kleidung und durch die Haut einzudringen gekennzeichnet und eignet sich zu einer langfristigen Geländekontamination. Hautkampfstoffe kommen in Form von Losten, arsenhaltigen Hautkampfstoffen und Nesselstoffen zum Einsatz.

7.1 Loste

Bei den Losten unterscheidet man Schwefellost (HD, S-Lost) und Stickstoffloste (HN, N-Loste). Die Bezeichnung für diesen chemischen Kampfstoff kommt von den Chemikern **Lo**mmel und **St**einkopf, welche an der Entwicklung von S-Lost arbeiteten.[46]

7.1.1. Eigenschaft und Struktur

Kampfstoff	S-Lost	N-Lost (HN-1)	N-Lost (HN-2)	N-Lost (HN-3)
Molekulargewicht	159,07 g/mol	170,08 g/mol	156,06 g/mol	204,53 g/mol
Schmelzpunkt	14,4° C	-34,4° C	-65° C	-3,7° C
Siedepunkt	217,8° C	114° C	75° C	256° C
LD_{50}	1 bis 15 (3000 äußerlich) mg/Mensch	700 bis 1400 mg/Mensch		700 bis 1400 mg/Mensch
LCT_{50}	1500 mg*min/m³	1500 mg*min/m³	3000 mg*min/m³	1500 mg*min/m³
ICT_{50}	200 mg*min/m³	200 mg*min/m³	200 mg*min/m³	100 bis 200 mg*min/m³

Tabelle 2[47]

S-Lost, auch Senfgas oder Dichlordiethylsulfid, ist eine farblos bis gelbliche, geruchlose Flüssigkeit mit öliger Konsistenz. Das technische Produkt weist einen süßlichen, senfartigen Geruch auf. S-Lost wird in Form von Aerosolen eingesetzt. Im Ersten Weltkrieg wurde neben

46 Vgl. http://www.gifte.de/B-%20und%20C-Waffen.htm [Stand: 10.05.2008]
47 Vgl. Trieb. 1995. a.a.O. Datenblätter.

S-Lost auch das sogenannte Winterlost verwendet. Dabei wurde durch Beimischung von anderen Chemikalien der Gefrierpunkt herab gesetzt, um es in flüssiger Form einsetzen zu können. S-Lost durchdringt Beton, Leder, Kunstfasern, Ziegel und Holz und verfügt über eine hohe Fettlöslichkeit, wodurch es rasch durch die Haut eindringen kann. Dieser Hautkampfstoff ist ein halogenierter Thioether.

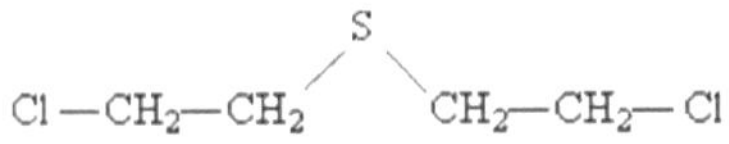	S-Lost, HD $C_4H_8Cl_2S$

N-Loste gehören zu der Gruppe der tertiär alkylierten Amine. Alle Stickstoffloste haben die selbe Grundstruktur, welche auf Stickstoff basiert.

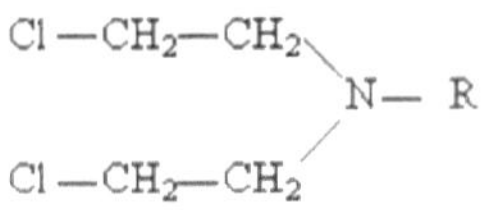	N-Loste, HN Grundstruktur (R = Alkylgruppe)

Die verschiedenen Stickstoffloste unterscheiden sich in der Alkylgruppe und in ihren physikalischen Eigenschaften.

HN – 1, auch Ethyldichlordiethylamin, ist eine farblose, ölige Flüssigkeit mit einem dezenten fischartigen Geruch.

$R = CH_2—CH_3$	HN – 1

HN – 2, auch Methyldichlordiethylamin, ist eine farblose, ölige Flüssigkeit mit einem Geruch nach Schmierseife. In höherer Konzentration tritt ein fruchtiger Geruch auf.

$R = CH_3$	HN – 2

HN – 3, auch Tris-(2-Chlorethyl)-amin, ist eine farb- und geruchslose, ölige Flüssigkeit. Nach drei bis vier Tagen färbt sich die Flüssigkeit gelb bis braun. HN – 3 reagiert mit Chlorkalk exotherm und explosiv. HN – 3 ist die giftigste Form der Stickstoffloste.

$R = Cl—CH_2—CH_2$	HN – 3

Loste kommen als Aerosole, Flüssigkeiten oder als Zäh-Loste zum Einsatz. Durch Beimischung von Kunstharz, wie Kautschuk, kann die Haftung verbessert und somit die Wirkung erhöht werden. Zäh-Loste sind sehr sesshaft und können in einem kontaminierten Gelände noch Jahrzehnte nach dem Einsatz nachgewiesen werden. Loste können auch indirekt über Nahrungsmittel aufgenommen werden. Dabei wird der Hautkampfstoff oral aufgenommen und führt zu einer Vergiftung des Magen- und Darmtrakts.

7.1.2. Wirkung und Symptome

Loste entfalten ihre Wirkung im Organismus als alkylierende Verbindungen und schädigen dadurch die Erbanlagen der betroffenen Zellen. Der Kampfstoff gibt Alkylgruppen (CH_3, CH_2 – CH_3, CH_2 – CH_2 – Cl) an die Reaktionspartner Sauerstoff, Schwefel und Stickstoff ab. Durch die Alkylierung von Nucleinsäuren (DNS, RNS) kommt es zu verschiedenen Veränderungen, wie einer abnorme Basenpaarung oder der Vernetzung von DNS- beziehungsweise RNS- Strängen. Im Zellkern kommt es dadurch zu einer Veränderung der Erbinformationen, welche die Zellteilungsvorgänge stark hemmen. Besonders betroffen sind davon Gewebe mit einem starken Zellteilungsvorgang, wie Haut, Knochenmark, Darmschleimhaut und Lymphknoten. Die Folgen der Wirkung auf die Zellen sind nicht tödlich, haben jedoch eine mutagene, teratogene und karzinogene Wirkung. Das heißt sie führen zu Mutationen (Veränderung der Erbanlagen), zu einer Erhöhten Neigung von Missbildungen (Teratogenität) und sind krebsfördernd. Weiters blockieren Loste verschiedene Enzyme und hemmen die Bildung von weißen Blutkörperchen.

Die Symptome der Vergiftung mit Losten treten nach unterschiedlichen Latenzzeiten[48] auf. Loste dringen nach schmerzlosen, meist unerkannten Hautkontakt innerhalb von 30 Minuten in die Haut ein. Dort führen sie zu, von der Giftkonzentration abhängigen, unterschiedlich

48 Anm. d. Verf.: Latenzzeit = symptomfreie Zeit zwischen der Vergiftung und dem Auftreten erster Symptome

schweren Verlaufsformen. S-Loste sind in ihrer Wirkung stärker als N-Loste, in den Verlaufsformen jedoch ähnlich.

Bei einer geringen Konzentration des Hautkampfstoffes kommt es zu einem entzündlichen Verlauf der Vergiftung. Nach einer Latenzzeit von 6 bis 8 Stunden kommt es zu Rötungen und Schwellungen der betroffenen Hautstellen, verbunden mit heftigem Juckreiz. Die Abheilung erfolgt nach 5 bis 10 Tagen, unter verstärkter Schuppung und bräunlicher Pigmentierung.

Bei einer höheren Kampfstoffkonzentration kommt es zu einem oberflächlich bullösen Verlauf. Nach einer Latenzzeit von 6 bis 12 Stunden kommt es dabei nach dem entzündlichen Verlauf zu einer starken Blasenbildung auf der Lederhaut, verbunden mit dem Austritt von Serum und Erythrozyten. Die vorerst kleinen Blasen fließen zu großen Blasen zusammen. Dieser sehr schmerzhafte Verlauf führt zu einer Zerstörung der Epidermis (Oberhaut). Die Rückbildung der Blasen, bis zur Erholung der Haut dauert bis zu 4 Wochen.

Bei hoher Kampfstoffkonzentration kommt es nach einer sehr kurzen Latenzzeit von 1 bis 2 Stunden zu einem tiefen bullösen Verlauf. Dabei kommt es zu einer raschen Bildung von Entzündungen und Blasen, welche am 2. Tag aufbrechen und den Blasengrund freilegen. Von der Blasenbildung sind alle Hautschichten bis zur Unterhaut und dem Bindegewebe betroffen. Die vollständige Abheilung dieses sehr schmerzhaften Verlaufs tritt nach 2 bis 3 Monaten ein.

Die Wirkung des Kampfstoffes auf die Augen ist auch von der Konzentration abhängig. Die Symptome können von Schmerzen, Lichtscheue, Tränenfluss und einer Verkrampfung des Augenlides, bis hin zu einer vorübergehenden Hornhauttrübung, verbunden mit einer Verminderung der Sehleistung führen. Bei direktem Kontakt mit dem Kampfstoff, durch beispielsweise eine Aerosolwolke oder Reiben der Augen mit kontaminierten Händen, treten schlagartige Schmerzen verbunden mit Geschwüren an Horn- und Bindehaut ein. Dieser Verlauf kann durch eine Perforation der Hornhaut zum Verlust des Auges führen.

Die Inhalation des Kampfstoffes führt von Bronchitis, Schnupfen, Fieber bis 40° Celsius, bis hin zu Atemnot und Lungenentzündungen mit letalem Ausgang. Nicht letale Folgeschäden können in Form einer chronischen Bronchitis, eines Lungenödems, eines Lungenabszesses und Lungenkrebs auftreten.

7.2 Arsenhaltige Hautkampfstoffe

Arsenhaltige Hautkampfstoffe haben alle die selbe Grundstruktur. Sie sind Arsindihalogenide, also chemische Verbindungen von Arsen und Wasserstoff. Das Halogen in dieser Kampfstoffverbindung ist Chlor. Der Hauptvertreter der arsenhaltigen Kampfstoffgruppe ist der Hautkampfstoff Lewisit.

7.2.1. Eigenschaften und Struktur

Lewisit (L), auch 2-Chlorvinylarsindichlorid oder „Todestau“, ist eine farblos bis braune, ölige Flüssigkeit. In reiner Form ist der Kampfstoff geruchlos, das technische Produkt riecht jedoch nach Geranien (Blumen). Die Flüssigkeit ist in organischen Lösungsmitteln gut löslich.

Kampfstoff	Lewisit (L)	$C_2H_2AsCl_3$
Molekulargewicht	207,32 g/mol	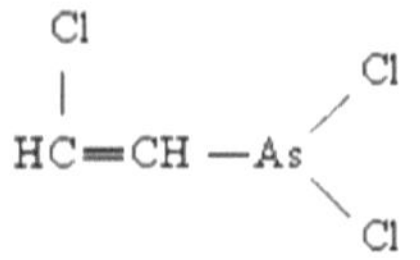
Schmelzpunkt	18° C	
Siedepunkt	190° C	
LD50	1400 mg/Mensch	
LCT50	1300 mg*min/m3	
ICT50	300 mg*min/m3	

Tabelle 3[49]

Der Kampfstoff Lewisit kommt aufgrund seiner hohen Flüchtigkeit nur in Verbindung mit anderen Kampfstoffen zum Einsatz. Die häufigste Mischung ist das Lewisit Lost, welches eine Mischung aus 63% Lewisit und 37% S-Lost ist.

7.2.2. Wirkung und Symptome

Der Hautkampfstoff Lewisit wirkt über die Haut, die Atemwege und die Augen. Die Wirkung wird durch die Reaktion des Kampfstoffes mit Proteinen und der damit verbundenen Alkylierung hervorgerufen. Durch den Kampfstoff kommt es zu einer massiven Störung des Stoffwechsels.

Im Gegensatz zu den Losten tritt bei der Berührung mit Lewisit sofort ein schmerzhaftes Brennen und Jucken der betroffenen Hautstellen ein. Innerhalb von 30 Minuten kommt es zu Hautauschlägen und Rötungen. Bei der oberflächlichen Form der Vergiftung kommt es nach 12 Stunden zu einer Blasenbildung. Diese zerfallen nach 3 bis 4 Tagen und die Wunde ist

49 Vgl. Trieb. 1995. a.a.O. Datenblätter.

nach 2 bis 3 Wochen ausgeheilt. Die tiefe Form der Vergiftung führt zu einer tiefen Blasenbildung verbunden mit einem schmerzhaften Absterben der betroffenen Hautstellen.

Bei Kontakt des Kampfstoffes mit den Augen treten Augenschmerzen, Lidkrämpfe, Tränenfluss, Blutungen und eine Hornhauttrübung auf.

Gelangt der Kampfstoff in die Atemwege reichen die Symptome von, Schnupfen, Kopfschmerzen, Übelkeit, Schwäche und Schmerzen im Bereich des Brustbeines bis hin zu einer schweren Vergiftung der Atemwege. Diese kann zu einem Lungenödem, einer Lungenentzündung und zu Herz- Kreislaufversagen führen.

7.3 Nesselstoffe

Der einzige Nesselstoff der militärisch als Kampfstoff hergestellt wurde ist Phosgenoxim (CX). Nesellstoffe haben eine vielfältige toxische Wirkung.

7.3.1. Eigenschaften und Struktur

Nesselstoffe gehören chemisch gesehen zur Gruppe der Formoxime. Oxime sind Verbindungen, deren Eigenschaft über die Gruppierung C = N – OH bestimmt wird. Phosgenoxim (CX), auch Dichlorformoxin, ist ein farbloser bis gelbbrauner kristalliner Festkörper mit unangenehmen stechenden Geruch. Phosgenoxim kommt in Form von Pulver oder als Aerosol zur Anwendung.

Kampfstoff	Phosgenoxim	CHCl2NO
Molekulargewicht	113,93 g/mol	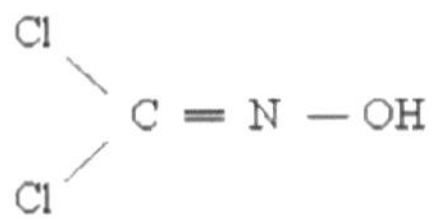
Schmelzpunkt	39,5° C	
Siedepunkt	129° C	
LD50	30 mg/ kg Mensch	

Tabelle 4[50]

50 Vgl. Trieb. 1995. a.a.O. Datenblätter.

7.3.2. Wirkung und Symptome

Der Wirkmechanismus von Nesselstoffen ist noch nicht zur Gänze erforscht. Nesselstoffe reagieren vermutlich mit den in der Haut eingelagerten Eiweißstoffen. Gegen Nesselstoffe gibt es kein Gegenmittel. Nesselstoffe wirken auf die Haut, die Atemwege und die Augen.

Bei Kontakt der Haut mit dem Kampfstoff tritt an der betroffenen Stelle, sofort ein brennender und stechender Schmerz auf. In der Folge kommt es zu rötlich umrandeten Flecken und zu einem lokalen Absterben des Gewebes. Auf der Haut kommt es zu einer Quaddelbildung, ähnlich dem Kontakt mit Brennnesseln, Schwellungen und Entzündungen. Der Kontakt mit den Augen führt zu Tränenflusss, Augenschmerzen und einer vorübergehenden Abnahme der Sehschärfe. Als weitere allgemeine Symptome können Kreislaufstörungen, Kopfschmerzen, Angstzustände und ein Lungenödem auftreten.

8. Blutkampfstoffe

Blutkampfstoffe wurden bereits im 1. Weltkrieg eingesetzt. Diese chemische Kampfstoffart gelangt über die Atemwege und die Lunge in das Blut, wo sie die Sauerstoffversorgung stört. Aufgrund der hohen Flüchtigkeit kann es durch den Einsatz von Blutkampfstoffen zu keiner nachhaltigen Geländekontamination kommen. Blutkampfstoffe sind Gewebsatmungsgifte und werden in Zellgifte und Blutgifte eingeteilt.

8.1 Zellgifte

Zellgifte sind chemische Verbindungen, die die Zellatmung stören und bei hohen Konzentrationen, rasch (nach 3 bis 5 Minuten) zum Tod führen können. Die wichtigsten Zellgifte sind Blausäure, Chlorcyan und Arsenwasserstoff.

8.1.1. Eigenschaften und Struktur

Kampfstoff	Blausäure (AC)	Chlorcyan (CK)	Arsenwasserstoff (AS)
Molekulargewicht	27,02 g/mol	61,47 g/mol	77,95 g/mol
Schmelzpunkt	-14° C	-7° C	-116° C
Siedepunkt	26° C	13° C	-67° C
LD50	50 mg/Mensch	500 mg/Mensch	
LCT50	1000 bis 5000 mg*min/m3	11000 mg*min/m3	5000 mg*min/m3
ICT50	1000 bis 2000 mg*min/m3	7000 mg*min/m3	2500 mg*min/m3

Tabelle 5[51]

Blausäure, auch Zyanwasserstoff oder Zyklon B, ist eine farblose nach Bittermandeln riechende Flüssigkeit und kann auch in gasförmigen Zustand auftreten. Zur Anwendung gelangt Blausäure in Regel als Aerosol. Blausäure kann über die intakte Haut und Schleimhaut aufgenommen werden. *Blausäure wurde 1782 von K. W. Scheele aus Berlinerblau und Schwefelsäure zu ersten Mal hergestellt.*[52]

$H-C\equiv N$	Blausäure, HCN

51 Vgl. Trieb. 1995. a.a.O. Datenblätter.

52 http://www.gifte.de/B-%20und%20C-Waffen/blausaeure.htm [Stand: 23.05.2008]

Chlorcyan, auch Zyanchlorid, ist eine niedrigsiedende, stark augenreizende Flüssigkeit mit stechend bittermandelartigem Geruch. Aufgrund des niedrigen Siedepunktes und seiner hohen Flüchtigkeit wird Chlorcyan in Verbindung mit einem Pulver ausgebracht. Der Kampfstoff wird durch Feuchtigkeit aus dem Pulver freigesetzt und entfaltet mit der Freisetzung seine Wirkung. In der Lagerung ist Chlorcyan weniger als einen Monat stabil.

$Cl-C\equiv N$	Chlorcyan, CNCl

Arsenwasserstoff, auch Arsin, ist ein farbloses nach Knoblauch riechendes Gas. Auch Arsenwasserstoff wird durch Feuchtigkeit aus einem Pulver freigesetzt, da es in gasförmigem Zustand nicht als Kampfstoff geeignet wäre. Die Struktur von Arsenwasserstoff ist ein pyramidenartiges Molekül, wobei die Wasserstoffatome an der Basis und das Arsen an der Spitze liegen.

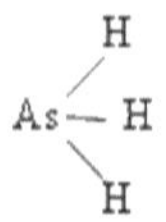	Arsenwasserstoff AsH_3

8.1.2. Wirkung und Symptome

Blausäure und Chlorcyan wirken durch die Hemmung des Atmungskettenenzyms Cytochromoxidase. Durch die Hemmung dieses Enzyms wird die Sauerstoffverwertung unterbrochen und die roten Blutkörperchen können den Sauerstoff nicht mehr an die Körperzellen abgeben. Die Folge ist eine innere Erstickung. Trotz unterschiedlichen Aufnahmewegen (Inhalation, Haut, Augen) ist die Wirkung im körperinneren gleich. Bereits bei einer leichten Vergiftung mit Blausäure oder Chlorcytan treten schwere Krämpfe und akute Atemnot auf, welche zum Tod führen kann. Hohe Konzentrationen können bereits nach Sekunden zum Tod führen.

Arsenwasserstoff zerstört die Membran der roten Blutkörperchen, wodurch es zu einer Anämie kommen kann. Dadurch wird auch bei einer Vergiftung mit Arsenwasserstoff die Sauerstoffversorgung unterbrochen. Bei der Einatmung von Arsenwasserstoff treten die ersten Symptome erst nach einer Latenzzeit von 1 bis 6 Stunden auf. Die ersten Vergiftungserscheinungen sind Frösteln, Schwindelgefühl, Fieber, Kopfschmerzen,

Leibschmerzen und Erbrechen. Weiters kommt es zu einer Pupillenerweiterung, rosiger Hautfarbe und dunkelroten Harn. Bei starken Vergiftungen können, aufgrund des Sauerstoffmangels Lähmungen im Gehirn und ein akutes Nierenversagen auftreten.

8.2 Blutgifte

Die zweite Gruppe der Blutkampfstoffe sind Blutgifte. Der Hauptvertreter der Blutgifte ist Kohlenmonoxid. Kohlenmonoxid wird nicht als Kampfstoff eingesetzt, sondern tritt als Folgeerscheinung von Napalm-Einsätzen und großen Flächenbränden auf. Kohlenmonoxid ist ein farb- und geruchloses, sehr flüchtiges Gas.

Kampfstoff	Kohlenmonoxid	CO
Molekulargewicht	28,01 g/mol	C= O
Schmelzpunkt	-204° C	
Siedepunkt	-190° C	
LCT50	50000 mg*min/m3	

Tabelle 6[53]

Kohlenmonoxid entfaltet seine Wirkung, wenn es über die Atemwege in die Blutbahn gelangt. In den roten Blutkörperchen bindet sich das Kohlenmonoxid 300 mal stärker, als Sauerstoff an das Hämoglobin. Das Transportmolekül Hämoglobin kann keinen Sauerstoff mehr aufnehmen und die Sauerstoffversorgung wird gestört Sind mehr als 66% des Hämoglobins durch Kohlenmonoxid gebunden kommt es zum Stillstand der Gewebs- und Gehirnatmung, welcher zum Tod führt. Die Symptome reichen von Kopfschmerzen, Schwindel, Kurzatmigkeit, Gliederlähmung, Übelkeit, Erbrechen, Schwäche der unteren Extremitäten, rosafarbenen Haut, über Bewusstlosigkeit und Sinken der Körpertemperatur bis hin zum Tod.

---

53 Vgl. Trieb. 1995. a.a.O. Datenblätter.

9. Lungenkampfstoffe

Die ältesten chemischen Kampfstoffe sind Lungenkampfstoffe. Lungenkampfstoffe sind Lungengifte, die als Gase oder Dämpfe über die Atemwege in den Körper eindringen und zu einer Vergiftung der Lunge führen. Lungengifte verhindern den Gasaustausch des Blutes in der Lunge und können bei höchsten Konzentrationen zu sekundenschnellen Tod führen. Die bekanntesten Lungenkampfstoffe sind Phosgen (CG), Perstoff (DP) und Chlorpikrin (PS).

9.1 Eigenschaften und Struktur

Lungenkampfstoffe werden meist als Gase oder Aerosole eingesetzt. Die chemische Struktur von Lungenkampfstoffen ist sehr einfach aufgebaut.

Kampfstoff	Phosgen (CG)	Perstoff (DP)	Chlorpikrin (PS)
Molekulargewicht	98,9 g/mol	197,83 g/mol	164,38 g/mol
Schmelzpunkt	-128° C	-57° C	-69,2° C
Siedepunkt	7° C	128° C	113° C
LD50	30 mg/Mensch	30 mg/Mensch	200 mg/Mensch
LCT50	3200 mg*min/m3	3200 mg*min/m3	20000 mg*min/m3
ICT50	1600 mg*min/m3	1600 mg*min/m3	15 mg*min/m3

Tabelle 7[54]

Phosgen, auch Carbonylchlorid, ist ein farbloses Gas mit einem Geruch nach faulem Heu oder Obst. Phosgen ist sehr flüchtig und gut in organischen Lösungsmitteln und Ölen, aber auch in S-Lost löslich. Phosgen ist etwa dreimal so schwer als Luft. Der Kampfstoff ist das Dichlorid der Kohlensäure.

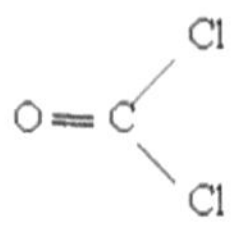	Phosgen $COCl_2$

Perstoff, auch Diphosgen oder Trichlormethylchlorkohlensäureester, ist eine farblos bis braune, ölige Flüssigkeit mit schwachem Geruch nach faulem Heu. Perstoff ist relativ flüchtig

---

54 Vgl. Trieb. 1995. a.a.O. Datenblätter.

und wird oft in Mischform mit anderen Stoffen zum Einsatz gebracht. Perstoff zersetzt sich unter Wärmeeinfluss in Phosgen.

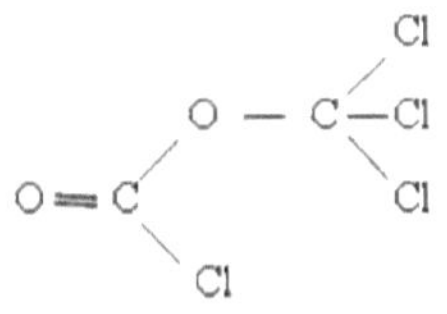	Perstoff $C_2O_2Cl_4$

Chlorpikrin, auch Trichlor-nitromethan, ist eine farblose Flüssigkeit mit öliger Konsistenz. Chlorpikrin weist einen charakteristischen, stechenden Geruch nach Schweiß oder Ananas auf. Der Kampfstoff ist sehr stark lichtbrechend und verfärbt sich durch Lichteinwirkung gelb bis grün. Chlorpikrin ist sehr flüchtig und in Alkohol und Benzol gut löslich, in Wasser jedoch unlöslich.

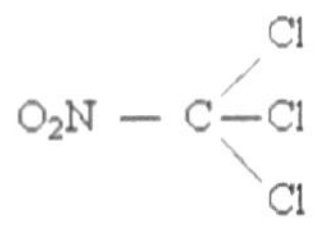	Chlorpikrin CNO_2Cl_3

9.2 Wirkung und Symptome

Lungenkampfstoffe entfalten ihre Wirkung in den Lungenbläschen der Lunge, wo sie sich zu Kohlenstoffdioxid und Salzsäure zersetzen. Die Produkte der Zersetzung schädigen die Gefäßwände, die Bronchien und das Lungengewebe. Aufgrund der schlechten Löslichkeit in Wasser bleiben die oberen Atemwege meist verschont. Durch die Zerstörung der Lungenschleimhaut dringt Blut in die Lungenbläschen ein und es entsteht ein toxisches Lungenödem. In der Lunge kommt es zu einer Blutstauung, wodurch der Gasaustausch in der Lunge gestört wird. Der Sauerstoffmangel kann zu Tod durch ersticken und zu einem Kreislaufkollaps führen.

Anfänglich treten Reizerscheinungen mit Symptomen wie Kratzen im Hals, Engegefühl in der Brust, Hustenreiz, Schwindel und Brechreiz auf. In der Folge kommt es zu einem symptomfreien Intervall. Nach diesem Intervall treten Symptome mit dem klinischen Bild des Lungenödems auf. Diese sind Kurzatmigkeit, Atemnot, Rasselgeräusche in der Lunge, eine blaurote Färbung der Haut, bräunlicher Schaum aus Nase und Mund, verbunden mit Angstzuständen und Unruhe.

10. Reizkampfstoffe

Reizkampfstoffe gehören zur Gruppe der störenden Kampfstoffe. Der Zweck des Einsatzes von Reizkampfstoffen liegt darin, eine zeitweilige Handlungsunfähigkeit bei den kontaminierten Personen hervorzurufen. Die Wirkung dieser Kampfstoffart wird, anders als bei verlustbringenden Kampfstoffen, durch die Reizschwelle und die Erträglichkeitsgrenze definiert. Reizkampfstoffe werden einerseits in die Gruppe der Augenreizstoffe und andererseits in die Gruppe der Nasen- und Rachenreizstoffe gegliedert.

10.1 Augenreizstoffe

Augenreizstoffe, allgemein aufgrund ihrer Wirkung auch als Tränengase bekannt, verursachen bei den Betroffenen starken Tränenfluss. Die vorübergehende Kampfunfähigkeit wird durch eine Verminderung der Sehleitung erzielt. Augenreizstoffe sind halogenierte organische Verbindungen mit unterschiedlicher chemischer Struktur. Die bekanntesten Vertreter sind Chloracetophon (CN) und Chlorbenzylidenmalondinitril (CS).

Kampfstoff	CN	CS
Molekulargewicht	154,6 g/mol	140,09 g/mol
Schmelzpunkt	55° C	-56° C
Siedepunkt	244° C	158° C
Erträglichkeitsgrenze	1 bis 4,5 mg/m3	1 bis 5 mg/m3
Reizschwelle	0,3 mg/m3	0,1 – 0,5 mg/m3

Tabelle 8[55]

CN, auch Phenacylchlorid, ist ein farbloses kristallines Pulver. Die Farbe des technischen Produkts kann grau bis gelb sein. CN hat einen angenehmen, obstähnlichen Geruch. CN wird in Form von Aerosolen eingesetzt.

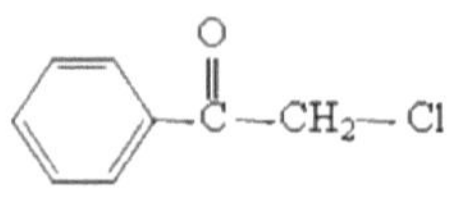	Chloracetophenon (CN) C_8H_7ClO

55 Vgl. Trieb. 1995. a.a.O. Datenblätter.

CS, auch 2-Chlorbenzyliden-malonsäuredinitril, ist eine weiße kristalline Substanz mit pfefferartigem Geschmack. Der Stoff ist schlecht in Wasser, aber gut in organischen Lösungsmitteln löslich. CS ist das Standarttränengas von Polizeieinheizen und kommt als Aerosol zum Einsatz. CS wird auch bei Gas- und Schreckschusswaffen verwendet.

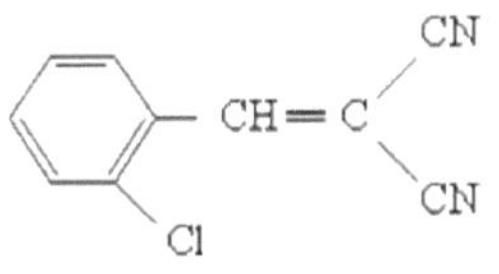	Chlorbenzylidenmalondinitril (CS). $C_{10}H_5N_2Cl$

Die Wirkung von Augenreizstoffen tritt sofort nach Kontakt mit dem Kampfstoff ein und endet mit dem Verschwinden des Kampfstoffes (beispielsweise durch Auswaschen der Augen). Der Einsatz von Augenreizstoffen führt zu Augenschmerzen, Tränenfluss, Fremdkörpergefühl, einem Lidkrampf, verbunden mit Sehschwächen und in Extremfällen vorübergehender Blindheit. Augenreizstoffe wirken in erster Linie auf die Augen. Bei hohen Konzentrationen kann eine Reizung der Atemwege auftreten. Dabei kommt es zu Husten, Brechreiz, Brennen in der Luftröhre und einem Engegefühl in der Brust. Solche Konzentrationen können auch zu einem Brennen auf der schweißnassen Haut und Hautrötungen führen.

10.2 Nasen- und Rachenreizstoffe

Diese Gruppe der Reizstoffe wirkt auf die Atemwege, die Speisewege und die Haut. Nasen- und Rachenreizstoffe sind organische Arsenverbindungen mit zwei aromatischen Resten. Diese Verbindungen enthalten eine Chlor- oder Cyanidgruppe und kommen in Form von Aerosolen zum Einsatz. Die bekanntesten Vertreter dieser Kampfstoffgruppe sin Clark I, Clark II und Adamsit.

Kampfstoff	Clark I (DA)	Clark II (DC)	ADAMSIT (DM)
Molekulargewicht	264,61 g/mol	255,15 g/mol	277,58 g/mol
Schmelzpunkt	41° C	30° C	195° C
Siedepunkt	307° C	290° C	419° C
Erträglichkeitsgrenze	1 mg/m3	0,25 mg/m3	0,4 mg/m3
Reizschwelle	0,1 mg/m3	0,005 mg/m3	0,1 mg*min/m3

Tabelle 9[56]

56 Vgl. Trieb. 1995. a.a.O. Datenblätter.

Clark I, auch Diphenylchlorarsin, ist in reinem Zustand ein farbloses, kristallines Pulver. Der Rauch des Kampfstoffes ist grau bis braun gefärbt. Der Stoff hat einen Geruch nach Schuhcreme. Clark I ist in Benzol und Ethanol gut löslich und sehr sesshaft.

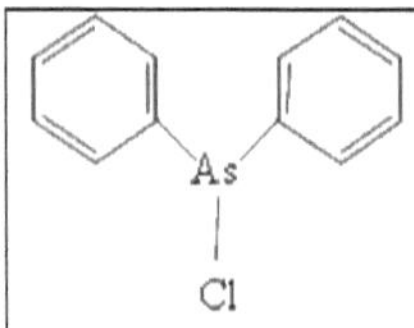	Clark I C12H10AsCl

Clark II, auch Diphenylarsincyanid, ist ein farbloser Kristall. Der Rauch des Kristalls ist weiß und riecht nach Knoblauch. Das technische Produkt ist grau bis dunkelbraun gefärbt. Der Kampfstoff ist in Benzin und Ethanol gut löslich und sehr sesshaft. Die Reizwirkung von Clark II ist um ein vielfaches höher, als die von Clark I.

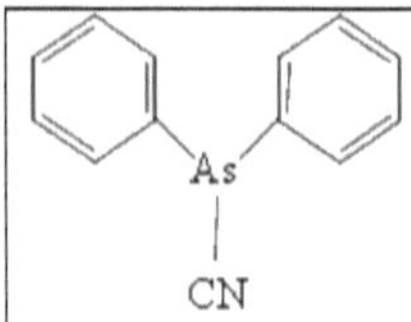	Clark II C13H10AsN

Adamsit, auch Phenarsazinchlorid, bildet hellgelbe nadelförmige geruchlose Kristalle. Das technische Prudukt ist grünlich. Adamsit ist schlecht in Benzol, Alkohol, Toluol und Xylol löslich, sowie extrem sesshaft und nicht brennbar.

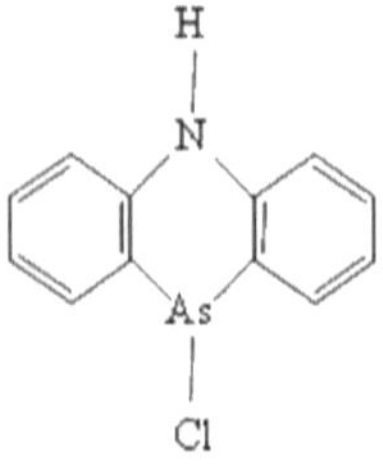	Adamsit C12H9NAsCl

Die Wirkung der drei genannten Nasen- und Rachenreizstoffe tritt nach einer Latenzzeit von fünf bis zehn Minuten ein. Diese Reizstoffart wirkt aufgrund ihrer chemischen Struktur nicht nur auf den Nasen- und Rachenraum, wie es der Name vermuten lässt. Sie wirken auf alle Proteine und Enzyme, welche Thiolgruppen (-SH) in ihrer Struktur enthalten. Die Reizerscheinungen äußern sich in Form von schweren Entzündungen, verbunden mit Symptomen wie Brennen der Augen und starkem Tränenfluss, Niesen und verstärktem Nasenlaufen, Übelkeit, Erbrechen, Husten und Brustschmerzen. Hohe Kampfstoffkonzentrationen können Hautreizungen, ein entzündetes Bindegewebe, Lähmungserscheinungen und ein toxisches Lungenödem hervorrufen. Die betroffene Person kann durch die Kampfstoffwirkung das Bewusstsein verlieren. Clark I und Clark II können in hohen Konzentrationen chronische Hautschäden verursachen.

11. Psychokampfstoffe

Psychokampfstoffe gehören auch der Gruppe der störenden Kampfstoffe an. Das Ziel den Gegner nicht zu töten, sondern nur vorübergehend kampfunfähig zu machen, war der Auslöser für die Entwicklung der Psychokampfstoffe in den sechziger Jahren des 20. Jahrhunderts. Das Hauptproblem beim Einsatz von Psychokampfstoffen war lange Zeit die Optimierung der Ausbringung des Kampfstoffes. Diese Kampfstoffart wirkt sowohl psychisch, als auch physisch beeinträchtigend. Die wichtigsten Vertreter sind LSD und BZ.

Kampfstoff	LSD	BZ
Molekulargewicht	323,44 g/mol	337,42 g/mol
Schmelzpunkt	83° C	167,5° C
Siedepunkt	198° C	412° C
LD50	14 mg/Mensch	mehrere g/Mensch
LCT50		200 000 mg*min/m3
ICT50		70 - 100 mg*min/m3

Tabelle 10[57]

LSD, auch Lysergsäurediäthylamid, liegt in reinem Zustand in Form von farblosen Kristallen vor. Der Stoff ist geruch- und geschmacklos. Die Verabreichung von LSD erfolgt oral oder intravenös. Aufgrund der Verabreichungsform können keine LCt- und ICt-Werte zugeordnet werden. Es reichen jedoch bereits 75µg/ Mensch,[58] um Trugbilder, Angstpsychosen und Enthemmung hervorzurufen. LSD gilt in der Medizin als Halluzinogen und wird als Droge missbraucht.

57 Vgl. Trieb. 1995. a.a.O. Datenblätter.
58 Vgl. www.toxinfo.org/publikationen/SuchtstoffeAkutUndChronisch.pdf [Stand: 20.05.2008]

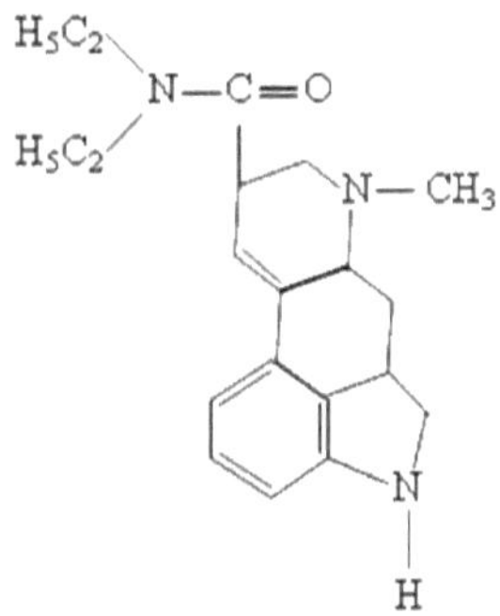	LSD $C_{20}H_{25}N_3O$

BZ, auch 3-Chinuclidinylbenzilat, ist ein weißes, kristallines und geruchloses Pulver, welches schlecht in Wasser löslich ist. BZ wird als Aerosol aus pyrotechnischen Gemischen ausgebracht. BZ wurde ausschließlich als Kampfstoff entwickelt.

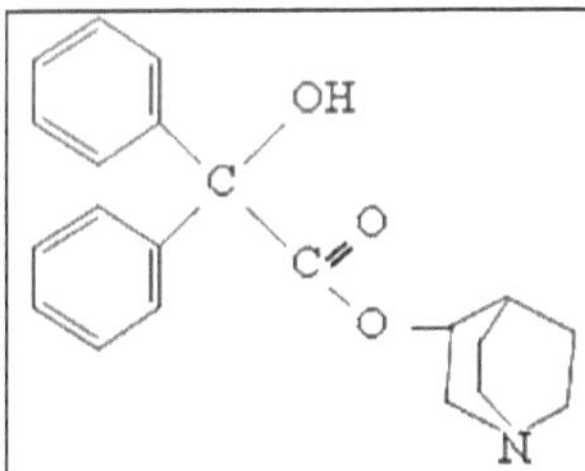	BZ $C_{21}H_{23}NO_3$

Psychokampfstoffe wirken über die Atemwege und den Magen- Darmtrakt. Die psychische Wirkung wird durch Hemmung oder Störung von Neuronen im Gehirn ausgelöst. Die physische Wirkung wird meist spezifisch, beispielsweise durch eine Veränderung des Blutdruckes, zeitweilige Erblindung oder einfarbiges Sehen hervorgerufen. Psychokampfstoffe beeinflussen das sympatho- parasympathische Gleichgewicht, die Sinneswahrnehmung, das Denken und die motorischen Reflexe.

Bei der Wirkung von Psychokampfstoffen können unterschiedliche Symptome beobachtet werden. Die psychische Wirkung führt zu Halluzinationen, Depressionen, Wahnvorstellungen, Apathie, Verlust des Orientierungsvermögens, erhöhtem Blutdruck, erhöhter Herzfrequenz, einer motorischen Leistungsminderung und dem Erleben von

Farbmustern. Die Physische Wirkung äußert sich in Form von Lähmungserscheinungen, Krämpfen, einer Störung der Sinnesorgane und des Gleichgewichts, Kreislaufstörungen und Bewusstlosigkeit.

12. C-Waffen und Terrorismus

Die riesige Menge an zu Verfügung stehenden chemischen Kampfstoffen und die Tatsache, dass diese in vielen „unsicheren“ Ländern gelagert werden, macht es auch terroristischen Organisationen möglich, diese Waffe gegen ihre jeweiligen Feinde einzusetzen. Auch die Anschaffung von Komponenten zur Herstellung und die Produktion von chemischen Kampfstoffen selbst dürfte für die meisten Terrororganisationen heute kein Problem mehr darstellen. Auf Grund dieser Tatsachen kam es in der Vergangenheit schon zu einigen Terroranschlägen mit diesen gefährlichen Giftstoffen. Diese werden nun chronologisch aufgeführt.

- 1993 New York geplante Blausäurefreisetzung
- 1994 Matsumoto – 27. Juni 1994 wurde von der Sekte Ōmu Shinrikyō (auch als Aum bekannt) ein Giftgasanschlag (Saringas) auf die Stadt verübt, der sieben Menschen tötete und 58 weitere verletzte
- 1994 Tokio (ein Toter - VX)[59]
- 20.03.1995 Tokio – Giftgasanschlag der Aum Sekte auf die U-Bahn mit Sarin (12 Tote, 980 Verletzte)[60]
- 1995 Tokio geplante Blausäurefreisetzung[61]
- 19.04.1995 Giftgas in der U-Bahn von Yokohama mit 600 Verletzten
- 21.04.1995 Giftgas in einem Kaufhaus in Yokohama mit 24 Verletzten
- 26.04.1995 Chlorpikrin-Attentat in Meabashi mit 20 Verletzten
- 05.05.1995 in der U-Bahn von Tokio werden zwei brennende Plastiksäcke mit Chemikalien entdeckt, die das giftige Zyankaligas erzeugt hätten
- 04.07.1995 Giftgasbombenfund in der U-Bahn von Tokio
- 05.07.1995 Zyanid-Gas-Anschlag in Tokio mit 3 Verletzten
- 06.07.1995 am Hauptbahnhof von Tokio werden stechende Dämpfe freigesetzt[62]

---

[59] Vgl. Szinicz, L.: Geschichte biologischer und chemischer Kampfstoffe. Online in Internet: URL: http://www.gesundheitsmanagement-tuebingen.de/regtox/31scihis.pdf [Stand 22.05.2008]

[60] Vgl. Obst Ing Hemmer, Heinz: Chemische Waffen. In: Schulbehelf 108_002. FH-DiplStG „MilFü“, HS & LM-Verw. S. 19

[61] Vgl. Szinicz, L.: Geschichte biologischer und chemischer Kampfstoffe. Online in Internet: URL: http://www.gesundheitsmanagement-tuebingen.de/regtox/31scihis.pdf [Stand 22.05.2008]

[62] Vgl Obst Ing Hemmer, Heinz: Chemische Waffen. In: Schulbehelf 108_002. FH-DiplStG „MilFü“, HS & LM-Verw. S. 19

13. Gegenwart und Zukunft der chemischen Waffen

Momentane Schätzungen belegen, dass alleine die USA über 40.000 Tonnen und die ehemaligen Sowjetstaaten zwischen 30.000 und 600.000 chemische Kampfstoffe besitzen. Dies macht C-Waffen neben A-Waffen zu Werkzeugen, mit denen die Menschheit nicht nur einmal, sondern ein vielfaches Mal vernichtet werden kann. Trotz der bestmöglichen Selbstschutzausrüstungen, über die moderne Armeen verfügen, kann im Falle eines kontinentalen oder weltweiten Einsatzes von C-Waffen nur ein Bruchteil der Menschen geschützt werden.

So wie der konventionelle Einsatz von A-Waffen für eher unwahrscheinlich eingestuft werden kann, so gilt das ebenso für den Einsatz für C-Kampfstoffe. Wie die Vergangenheit jedoch zeigt, so werden chemische Kampfstoffe jedoch immer mehr von Terrororganisationen eingesetzt, die diese noch dazu überraschend gegen vollkommen ungeschützte Personen einsetzen.[63]

Ein weiteres und nahezu unvorstellbares Gefahrenpotential geht von chemischen Kampfstoffen aus, die nach Ende des 2. Weltkrieges von den Alliierten in der Nordsee versenkt wurden. Hierbei soll es sich um unvorstellbare 300.000 Tonnen Munition handeln die aus den Beständen Hitler-Deutschlands stammten. 15% dieses Gewichtes, also ca. 45.000 Tonnen, machen dabei die reinen Kampfstoffe selbst aus. In wieweit die Alliierten auch C-Waffen aus eigenen Beständen versenkt haben, ist unklar, jedoch gehen Experten mit einer hohen Wahrscheinlichkeit davon aus, dass dies der Fall war. Diese tickende Zeitbombe am Grunde der Nordsee wird in den nächsten Jahren noch ein großes Problem für diese Region darstellen. Schon jetzt sind Berichte über gefischte Meerestiere in den Medien, die vermutlich durch diese Altlasten vergiftet worden sind. [64]

---

[63]Vgl Pueringer, J. Chemische Kampfstoffe. Fakultätsvertretung Naturwissenschaften UNI Wien. Wien. S. 31f

[64] Vgl. Giftgas in der Ostsee. Online im Internet: URL: http://www.toxcenter.de/artikel/Giftgas-in-der-Ostsee.php [Stand 22.05.2008]

14. Internationale Abkommen gegen den Einsatz von C-Waffen

1675 wird zwischen Frankreich und Deutschland im sogenannten Straßburger Vertrag die Anwendung von Giften im Krieg verboten.

1874 einigen sich bei der Brüsseler Konferenz die Teilnehmer über ein Verbot des Einsatzes von Giften und vergifteten Waffen im Krieg.[65]

In der ersten Haager Konferenz 1899 wird der Verzicht auf den Einsatz von Geschossen beschlossen, „deren einziger Zweck die Ausbreitung von erstickenden oder giftigen Gase ist“[66]. Unter diese Bestimmungen fällt aber nicht die Anwendung von Gasen selbst, welche dann Jahre später im sogenannten „Blasverfahren“ zu tausenden Toten führen.

In der zweite Haager Konferenz 1907 (Haager Landkriegsordnung) werden die Beschlüsse der ersten Konferenz bestätigt. Dabei wird bei den Debatten jedoch festgehalten, dass diese Bestimmungen lediglich auf die bekannten Anwendungswarten dieser Zeit Geltung haben. Dieses noch heute gültige Vertragsrecht scheitert jedoch an der mangelnden einheitlichen Rechtsüberzeugung und ist daher keine solide Verbotsgrundlage.[67]

1921-1922 legen die USA, Frankreich, Großbritannien, Italien und Japan im Washingtoner Abkommen das Anwendungsverbot für erstickende, giftige und andere Gase fest.[68]

Im Genfer Protokoll von 17. Juni 1925 wird das Verbot der Anwendung von erstickenden, giftigen oder gleichartigen Gasen sowie allen ähnlichen Flüssigkeiten, Stoffen oder Verfahrensarten im Kriege mit Ausweitung auf bakteriologische Kriegsmittel festgelegt. Dies wurde bei der Genfer Waffenhandelskonferenz 1925 unterzeichnet. Problematisch ist auch hier die Definition, welche Stoffe genau unter dieses Abkommen fallen. Die Frage ob Reizstoffe (z.B. Tränengas) auch diesem Verbot unterliegen, bleibt offen. Die häufig getroffene Aussage „nur tödliche Stoffe“ fallen unter dieses Verbot, ist zumeist nicht von der Zusammenstellung des Stoffes selbst sondern von der eingesetzten Dosierung abhängig.

---

[65] Vgl. Szinicz, L.: Geschichte biologischer und chemischer Kampfstoffe. Online in Internet: URL: http://www.gesundheitsmanagement-tuebingen.de/regtox/31scihis.pdf [Stand 22.05.2008]
[66] Vgl. Goeckel, K. Die Bemühungen um eine Ächtung bakteriologischer und chemischer Waffen. Osang Verlag Gmbh. Bonn. 1981. S. 34
[67] Vgl. ebd. S. 34f
[68] Vgl. Szinicz, L.: Geschichte biologischer und chemischer Kampfstoffe. Online in Internet: URL: http://www.gesundheitsmanagement-tuebingen.de/regtox/31scihis.pdf [Stand 22.05.2008]

Es existieren Zusatzprotokolle zum Genfer Abkommen, in denen unter anderem Methoden und Mittel der Kriegsführung verboten werden, die langanhaltende und schwere Schäden der Umwelt hervorrufen.[69]

Am 29. April 1997 trat das sogenannte Chemiewaffenübereinkommen (CWÜ) nach Ratifizierung der Konvention durch den 65. Staat in Kraft. Es verbietet die Entwicklung, Herstellung, Besitz, Weitergabe und der Einsatz chemischer Waffen. Vorhandene Bestände müssen deklariert und unter internationaler Kontrolle vernichtet werden (Organisation zum Verbot chemischer Waffen in Den Haag). Bis 30.04.03 sind diesem Übereinkommen 151 Staaten beigetreten.[70]

---

[69]Vgl. Goeckel, K. Die Bemühungen um eine Ächtung bakteriologischer und chemischer Waffen. Osang Verlag Gmbh. Bonn. 1981. S. 35f

[70]Vgl. L. Szinicz: Geschichte biologischer und chemischer Kampfstoffe. Online in Internet: URL: http://www.gesundheitsmanagement-tuebingen.de/regtox/31scihis.pdf [Stand 22.05.2008]

15. Zusammenfassung

Diese Arbeit beschreibt die Geschichte, Entwicklung und den Einsatz chemischer Kampfstoffe seit Beginn der Aufzeichnungen bis heute. Außerdem wird speziell auf die Zusammensetzung und Wirkung der wichtigsten Kampfstoffe eingegangen.

Die vom Verfasser gestellten forschungsleitenden Fragen:

„Wie stellen sich die Geschichte der Entwicklung und des Einsatzes chemischer Waffen und die rechtlichen Grundlagen dar?"
„Was sind die Eigenschaften und Wirkung chemischer Kampfstoffe und wie sind diese Zusammengesetzt?"
können wie folgt beantwortet werden:

Die Geschichte chemischer Kampfstoffe geht bis über 1000 vor Christus zurück. Das Schwergewicht der Einsätze bzw. die rasante Entwicklung chemischer Waffen kann man jedoch seit Beginn des ersten Weltkrieges festlegen. Geprägt ist diese Zeit durch den Einsatz und der Entwicklung immer tödlicherer Kampfstoffe bei immer geringerer Dosierung. Trotz Bemühungen der internationalen Staatengemeinschaft zum Verbot dieser Waffen kam und kommt es immer wieder zu Einsätzen von chemischen Kampfstoffen. Besondere Bedeutung im heutigen Bedrohungsszenario kommt dem Einsatz chemischer Waffen durch Terrororganisationen oder Weltuntergangssekten zu. Auch die Entsorgung großer Mengen an Altlasten stellt noch heute für die Umwelt ein großes Problem dar.

Chemische Kampfstoffe werden in zwei Hauptgruppen und nach ihrer Wirkung auf den Körper eingeteilt. Alle Kampfstoffarten besitzen unterschiedliche chemische und physikalische Eigenschaften, welche den Kampfstoff für bestimmte Einsätze mehr oder weniger tauglich machen. Die Wirkung auf den Körper ist enorm. Der Einsatz von verlustbringenden Kampfstoffen kann innerhalb kürzester Zeit zum Tod führen.

Abschließend ist zu erwähnen, dass auch in der heutigen Zeit, aufgrund des aktuellen Bedrohungsbildes, ein Grundwissen über chemische Kampfstoffe bis auf Ebene des einzelnen Soldaten notwendig ist, um diese zu erkennen und Schutzvorkehrungen treffen zu können.

Literaturverzeichnis:

Bücher:

Karow, Thomas. Lang-Roth Ruth: Allgemeine und Spezielle Pharmakologie und Toxikologie. Vorlesungsorientierte Darstellung und klinischer Leitfaden. 15. Auflage. Eigenverlag. Pulheim 2007.

Pittner, Heribert, Hofrat Univ.-Doz. Dr. u. a.: AUSTRIA-CODEX SCHNELLHILFE 2006/2007. Österreichische Apotheker-Verlagsgesellschaft M.B.H. Wien 2006.

Behördliche Schriften, Publikationen, Fachaufsätze:

Goeckel, K.: Die Bemühungen um eine Ächtung bakteriologischer und chemischer Waffen. Osang Verlag Gmbh. Bonn. 1981

Hemmer, Heinz Obst Ing: Chemische Waffen. In: Schulbehelf 108_002. FH-DiplStG „MilFü“, HS & LM-Verw.

Pueringer, J.: Chemische Kampfstoffe. Fakultätsvertretung Naturwissenschaften UNI Wien. Wien.

Trieb, Peter: Datenbank chemische Kampstoffe. Allgemeine Physik Merkblatt. Wien 1995.

URL, elektronische Quellen:

Der Brockhaus multimedial 2008premium DVD. 10. Auflage. Bibliographisches Institut & F. A. Brockhaus AG. Mannheim 2007

Szinicz, L.: Geschichte biologischer und chemischer Kampfstoffe. Online in Internet: URL: http://www.gesundheitsmanagement-tuebingen.de/regtox/31scihis.pdf [Stand 22.05.2008]

http://www.abc-waffen.de/home.htm

http://www.feuerwehr-halle.de/Feuerwehr-Ausbildung/_Messgerate_GSG/ABC_Fuhrungsgruppe/ABC_chemische_Kampfstoffe/abc_chemische_kampfstoffe.html

http://www.gifte.de/B-%20und%20C-Waffen.htm [Stand: 10.05.2008]

http://www.gifte.de/B-%20und%20C-Waffen/blausaeure.htm [Stand: 23.05.2008]

http://www.gifte.de/B-%20und%20C-Waffen/chemische_waffen.htm

http://www.gifte.de/B-%20und%20C-Waffen/sarin.htm [Stand: 20.05.2008]

http://www.toxinfo.org/publikationen/SuchtstoffeAkutUndChronisch.pdf [Stand: 20.05.2008] http://www.uni-muenster.de/PeaCon/wuf/wf-89/8910400f.htm#22[Stand: 23.05.2008]

www.toxinfo.org/publikationen/SuchtstoffeAkutUndChronisch.pdf [Stand: 20.05.2008]